DAS FEDERLEICHT-PRINZIP

LAURA KELLERMANN
JENS WEIDNER

DAS Federleicht PRINZIP

Das Geheimnis der entspannten Karriere

Campus Verlag
Frankfurt/New York

MIX
Papier aus verantwortungsvollen Quellen
FSC® C089473
www.fsc.org

Klimaneutral
Papier
ClimatePartner.com/13732-1910-1001

ISBN 978-3-593-51472-7 Print
ISBN 978-3-593-44867-1 E-Book (PDF)
ISBN 978-3-593-44856-5 E-Book (EPUB)

Umschlaggestaltung: *zeichenpool, München
Umschlagmotiv: shutterstock, TanyaFox
Satz: DeinSatz Marburg UG | tn
Gesetzt aus: Minion und Futura PT
Druck und Bindung: Beltz Grafische Betriebe GmbH, Bad Langensalza
Beltz Grafische Betriebe ist ein klimaneutrales Unternehmen (ID 15985-2104-1001).
Printed in Germany

www.campus.de

Inhalt

PROLOG
Laura

»Ach du Scheiße! Was, wenn sich herausstellt, dass ich absolut inkompetent bin? Was, wenn die denken: Wie hat *die* sich denn hierher verirrt? Wie kommt *die* nur auf die Idee, dass sie Psychologin werden könnte?« Das waren meine Gedanken vor meiner ersten mündlichen Prüfung im Bachelor Psychologie. Die Folge: eine Panikattacke. Ich weinte, ich zitterte, ich stand kurz davor, alles hinzuschmeißen, wegzurennen und mich zu verkriechen! Trotz meiner Ängste trat ich die Prüfung damals an und ich bestand sie mit der Note 1,7. Doch statt mich zu freuen, dachte ich reflexartig: »Die haben mir die Note doch nur aus Mitleid gegeben, weil ich so verheult aussehe.«

Rückblickend kann ich mit Bestimmtheit sagen: »Herzlichen Glückwunsch, Frau Kellermann, ein Impostor-Syndrom vom Feinsten!« Denn heute bin ich Psychologin und systemische Beraterin – und von der unsicheren, von Selbstzweifeln gebeutelten Studentin ist nicht mehr viel übrig. In den vergangenen Jahren habe ich viele Tipps und Tricks, die ich gerne mit meinen heutigen Kundinnen teile, im Selbstversuch konsequent angewendet. Ich gehöre ohnehin zu der Sorte Mensch, der die Dinge gerne selbst ausprobiert, um besser zu verstehen, wie sie wirken und funktionieren.

Doch ich bin meine Selbstzweifel nicht hundertprozentig losgeworden, denn das ist unmöglich. Sie kommen bei mir manches Mal noch hoch, etwa bei der Idee, dieses Buch zu schreiben. »Bin ich dafür bereit?«, dachte ich. »Was, wenn sich herausstellt, dass ich nicht gut genug dafür bin?« Doch dann musste ich direkt über meine Gedanken lächeln. Wer wäre geeigneter dafür als eine Psychologin, die bei einem Buchprojekt, das sich um das Impostor-Syndrom dreht, genau solche Zweifel hegt?

Eins gleich vorweg: Es ist nicht schlimm, wenn dich ab und an Selbstzweifel überkommen. Du musst nur wissen, wie du damit in Zukunft besser umgehst. Sie hinterlassen ja stets das Gefühl, dass die anderen mehr können, besser, erfolgreicher oder kompetenter sind als du. Du strengst dich in der Folge noch mehr an, um allen Ansprüchen zu genügen, nicht unangenehm aufzufallen und auf gar keinen Fall zu versagen. Doch so sehr du dich auch abstrampelst – auf diese Weise schöpfst du nicht dein volles Potenzial aus, weil dich deine Zweifel und Ängste ausbremsen.

Du hast viele Visionen und Träume, geniale Einfälle und eine eigene Meinung, da bin ich mir sicher. Aber du traust dich (noch) nicht, du selbst zu sein. Dich so zu zeigen, wie du bist. Und wenn doch, dann nur unter großer Anstrengung und mit viel Zögern.

Ich möchte dir an dieser Stelle etwas sehr Wichtiges mit auf den Weg geben: Du bist genau so richtig, wie du bist. Du bist wertvoll, klug und kannst alles erreichen, was du willst. Das Federleicht-Prinzip wird dich genau dorthin bringen. Damit wirst du viele nervige Mitmenschen, die dich auf deinem Lebensweg und bei deiner Karriere ausbremsen wollen, mit Leichtigkeit hinter dir lassen, um letzten Endes ganz du selbst zu sein und selbstbewusst dein Potenzial zu entfalten.

Deine Laura

PROLOG
Jens

Wenn von Selbstzweifeln und einem geringen Selbstwertgefühl die Rede ist, denken viele – ganz den gängigen Stereotypen verfallen – automatisch an Frauen. Da fühle ich mich als Mann ehrlich gesagt ein bisschen übergangen, denn ich kann vermutlich ebenso wie viele andere Vertreter des »starken Geschlechts« aus tiefster Überzeugung sagen: Check! Zweifel an meiner Persönlichkeit, an meinen Fähigkeiten, an meinen Entscheidungen, an meiner Eignung und meinen Talenten – all das begleitete mich lange Zeit in meinem Leben. Bis ich erkannte, dass mich das nicht weiterbringt und ich aktiv etwas daran ändern konnte und musste.

Ich hatte Selbstzweifel, weil ich der Klassenkleinste war und von meinen Mitschülern deswegen gemobbt wurde. Ich hatte Selbstzweifel, weil ich gleich in mehreren Tanzschulkursen eine schlechte Figur abgab, weil ich mich beim Führerschein schwertat und später beim Golfen bei meinem einzigen Turnier einen Pokal mit der Aufschrift »1. v. h.«, also Erster von hinten, bekam. Das sollte lustig sein und war auch nicht wirklich böse gemeint. Deswegen lächelte ich bei der Preisverleihung auch, obwohl ich es blöd fand, dass nun alle auf meine spielerische Unfähigkeit aufmerksam gemacht wurden. Gemeine Feedbacks (»Du Trottel!«), bissige Bemerkungen (»Sie sind eine totale Fehlbesetzung«), berufliche Tiefschläge (»Wir werden Sie nie fest anstellen«) und vieles mehr – sie alle addierten sich zu einer imposanten Liste an Belegen für meine Unvollkommenheit in vielen Bereichen des Lebens und bildeten einen idealen Nährboden für Zweifel jeder Art. Sogar wenn ich jetzt auf mein bisheriges Leben zurückblicke, kann ich gar nicht recht fassen, dass mir das tatsächlich alles gelungen sein soll. Das passt auch zu dem Satz, den ich am häufigsten auf Ehemaligen-Klassentreffen zu hören bekomme: »Ausgerechnet du – unglaublich!«

Mein Promotionsabschluss war für mich ein Akt der Befreiung, der meine Energie explodieren ließ und den Startschuss zu dem gab, was man wohl eine 1A-Karriere nennt. Ich bin Professor und Eigentümer eines kriminologischen Instituts, schreibe Bestseller, halte Vorträge, habe eine Online-Beratungsfirma und das Wichtigste: eine ganz tolle Familie. Heute lebe ich mit 95 Prozent Zufriedenheit und 5 Prozent Selbstzweifeln. Eine tolle Quote, wie ich finde! Das Leben fühlt sich in vielen Phasen happy an. So wie es läuft, ist es gut. Ich strebe nicht nach mehr, aber auch nicht nach weniger. Das erlaubt mir insgesamt ein eher stressreduziertes Leben – beruflich wie privat.

Mir ist aber vollkommen bewusst, dass Frauen mit den genannten Problemen in unserer Gesellschaft nach wie vor stärker zu kämpfen haben als Männer. Deswegen fokussieren Laura und ich uns auch auf Leserinnen. Aber wenn du dir das Buch vielleicht von deiner Partnerin ausgeliehen hast: Das Federleicht-Prinzip funktioniert auch bei Männern, Ehrenwort!

Dein Jens

Ein federleichtes Arbeitsleben

Authentisch und entspannt erfolgreich sein. Klingt herrlich, oder? Aber mal ehrlich: Wie oft hast du das Gefühl, dass du dich verbiegst, um anderen zu gefallen oder um den Erwartungen gerecht zu werden, die an dich gestellt werden: im Job, in der Familie und in der Freizeit? Wie sehr bemühst du dich darum, dass es den Menschen in deinem Umfeld gut geht und dass sie sich in deiner Umgebung wohlfühlen, selbst wenn dir gerade gar nicht danach ist oder dir andere das Leben schwermachen? Wie oft bist du alles andere als entspannt?

Anstatt einen gemütlichen Abend zu verbringen, bei einem kühlen Glas Rosé und einer Fußmassage von deinem Partner, mit dem du gemeinsam in Urlaubserinnerungen schwelgst und dich darüber freust, was du wieder so alles geschafft hast, sitzt du immer noch im Büro, weil du deinen Bericht dringend noch mal überarbeiten musst, weil er noch nicht perfekt ist. Oder du kommst abgespannt nach Hause, weil du kaum Pausen gemacht hast: Es war einfach so viel zu tun, da kann man eben nichts machen. Du ärgerst dich regelmäßig über deine Kollegen, die nicht aus den Puschen kommen, oder über deine Chefin, die nicht sieht, was du tagtäglich leistest, dafür aber euer lange vereinbartes Meeting vergessen und dich einfach versetzt hat. Statt also den Feierabend zu genießen, bist du angespannt, innerlich unruhig und kannst nur schwer herunterfahren, fühlst dich wie gefangen. Denn da sind nicht nur die Erwartungen der anderen, sondern auch noch deine eigene Erwartung, alles richtig zu machen, immer dein Bestes zu geben oder gar eine Überperformance abzuliefern. Immer freundlich, immer hoch motiviert und natürlich immer superschnell.

Puh, das ist ja schon beim Schreiben anstrengend! Wenn du dich so oder so ähnlich fühlst, solltest du das unbedingt ändern. Denn es geht auch anders, oder besser gesagt: federleicht. Eine Anleitung, wie du deinen Partner zur Fußmassage motivierst, haben wir leider nicht. Aber wie du es dir zukünftig im Beruf leichter machen kannst, das können wir dir gerne verraten. Wir haben für uns den Traum der federleichten Karriere verwirklicht und kennen viele engagierte Frauen, denen das ebenfalls gelungen ist und die ihre Denk- und Verhaltensmuster nachhaltig verändert haben. Sie alle haben uns berichtet, dass sie sich seit ihrem Change-Prozess federleicht fühlen. Das hat uns auch auf die Idee gebracht, dieses Buch *Das Federleicht-Prinzip* zu nennen.

Du wirst lernen, wie du einen unbändigen Glauben an dich selbst entwickelst. Wie du dich reflektierst, ohne dich selbst zu verunsichern oder zu blenden. Wie du deine Erfolge lieben lernst und dich selbst dabei besser kennen lernst. Wie du eine solide Basis schaffst, die dafür sorgt, dass du sicher und selbstbewusst deine Frau stehst – in allen Lebenslagen und vor allem bei Gegenwind. Du wirst lernen, nicht mehr allen gefallen zu müssen und Versagensängste und Minderwertigkeitsgefühle zu stoppen. Und auch wie du deine übermenschlichen Erwartungen auf ein gesundes und befriedigendes Maß herunterschraubst. Denn du kannst dir Ecken und Kanten erlauben und mit weniger Anstrengung noch erfolgreicher werden – auch wenn du das im Moment vielleicht noch nicht für möglich hältst!

In Teil 1 geht es um die theoretischen und konzeptionellen Grundlagen. Wir schauen uns genauer an, was generell Selbstzweifel auslösen kann, werfen einen detaillierten Blick auf das Impostor-Syndrom und seine Folgen und stellen dir unser Federleicht-Prinzip und dessen Vorzüge vor. Du erfährst außerdem, inwiefern sich ein verändertes Mindset auf dein Wohlbefinden auswirken und dein Leben in vielerlei Hinsicht erleichtern kann.

In Teil 2 geht es dann um die konkrete praktische Umsetzung. Dort findest du zahlreiche Übungen und Tipps, um deine Selbstzweifel, Unsicherheiten und Ängste besser zu erkennen, zu analysieren und abzubauen, souverän mit Herausforderungen im Arbeitsleben umzugehen und ein Erfolgs-Mindset zu entwickeln, das dir zu mehr Gelassenheit und Leichtigkeit im Job verhelfen kann. Damit vergrößerst du deine Career-Happiness und schaffst dir allmählich ein zufriedeneres, federleichtes Leben.

Wir wünschen dir viel Spaß bei der Lektüre und vor allem bei der Umsetzung der Methoden, Tipps und Tricks!

TEIL 1

Federleicht

ERFOLGREICH WERDEN

1
Mögliche Auslöser für Selbstzweifel

Um das gleich zu Beginn klarzustellen: Jeder von uns kennt Momente des Selbstzweifels und der Unsicherheit und hat Ängste. Das ist menschlich und nicht verwerflich. Doch sie sind echte Leichtigkeitskiller! Wenn sich unsere Gedanken im Kreis drehen oder ein Eigenleben zu entwickeln scheinen, kann das überwältigend und beängstigend sein. Wenn wir alles zerdenken und infrage stellen, ist das ein Sabotageprogramm, denn unsere Selbstzweifel hindern uns, unser wahres Potenzial zu entfalten, unsere Ziele entspannt zu verfolgen und auch zu erreichen und ein federleichtes Leben zu leben. Sie sorgen stattdessen dafür, dass wir uns überarbeiten und uns permanent gestresst fühlen. Oftmals erreichen wir zwar unsere Ziele – manchmal aber nur mit Ach und Krach – und können durchaus Erfolge verbuchen, doch wir können sie leider nicht genießen.

Die gute Nachricht ist: Du kannst lernen, besser mit deinen Selbstzweifeln, Unsicherheiten und Ängsten umzugehen. Geht das von heute auf morgen? Nein, es ist ein Prozess. Wirst du dann nie wieder an dir zweifeln, dich unsicher oder ängstlich fühlen? Nein, es ist Teil des Menschseins, dass du solche Gefühle hegst. Entscheidend ist, dass du den Glauben an dich stärkst und erkennst, was du alles kannst und weißt. Und dass du, wenn dich Selbstzweifel plagen, Strategien hast, um ihnen souverän zu begegnen.

Die Trigger für Selbstzweifel sind vielfältig. Schauen wir uns im Folgenden die wichtigsten an.

Pessimistisches Katastrophendenken

Katastrophendenken übertreibt mögliche Gefahren, obwohl es irrational ist, »davon auszugehen, dass Umstände, die man negativ interpretieren kann, zwangsläufig zu katastrophalen Ereignissen in der Zukunft führen werden. Es sind die Mücken, die sich in der Phantasie zu Elefanten auswachsen«.[1] Von diesen Elefanten fühlen sich viele Selbstzweiflerinnen magisch angezogen. Sie fallen damit hierzulande auch gar nicht weiter auf, weil sie mit ihren finsteren Einschätzungen die vielzitierte stereotype *German Angst* widerspiegeln. Diese entflammt Zweifel an uns selbst, an unserer Gesellschaft und an einer besseren, schöneren Zukunft. Das führt schnurstracks in eine berufliche und emotionale Sackgasse, denn sie trauen sich weniger und ziehen alles in Zweifel: Warum studieren, wenn die Welt doch dem Untergang geweiht ist? Warum Kinder zeugen, wenn die Umweltzerstörung ihnen kein gesundes Klima bieten wird? Warum Geld sparen, wenn es keine Zinsen gibt und der nächste Crash absehbar ist? Diese Angst vor dem Untergang ist laut der Journalistin und Autorin Sabine Magnet die Folge »einer nicht mehr so sozialen Marktwirtschaft, eines globalisierten Wettbewerbs, einer Gier-Geiz-Mentalität, einer Mutation des Erfolgsbegriffs und einer digitalen Bewertungsmaschinerie«.[2] Es sei demnach nicht weiter verwunderlich, dass so viele Menschen sich inkompetent vorkommen und Versagensängste haben.

Eine pessimistische Zukunftssicht befeuert tiefgründige Gedanken, deren Wahrheitsgehalt niemand kennt, die uns aber bereits heute Sorgen bereiten und Angst einjagen können. Statt Vorfreude – wie sie Optimistinnen pflegen – setzen Selbstzweiflerinnen auf zukünftige Horrorszenarien. Sie malen sich ihre Zukunft kritisch bis katastrophal aus, obwohl es anders und vor allem viel besser kommen könnte.

Federleicht-Tipp: Die Zukunft hängt auch von unserem Handeln ab, denn wir sind es, die die nächsten Jahrzehnte gestalten werden. Es ist also ein gewaltiger Unterschied, ob du deine Zukunft mit Tatkraft angehst oder dich aufgrund von Selbstzweifeln, Unsicherheiten und Ängsten ausbremst und deinem vermeintlich unausweichlichen Schicksal ergibst.

Scham und Schuld

Manche Selbstzweiflerinnen schämen sich auch, weil es ihnen – trotz der zu erwartenden Katastrophen – objektiv betrachtet gut geht. Sie können die leichten Momente ihres Lebens nicht genießen angesichts des Elends auf dieser Welt. Das widerspräche ihrer selbstkasteienden Philosophie, deren Leitsatz lautet: »Erst wenn es meinem Umfeld gut geht, darf auch ich das Leben genießen.«

Dieses Phänomen findet sich häufig in helfenden Berufen: Sozialarbeiterinnen, Psychologinnen, Pflegerinnen oder Ärztinnen sind umgeben von Leid und Not. Es fällt vielen von ihnen schwer, tagsüber die Patienten und Klienten mit ihren Sorgen zu begleiten und abends entspannt ihr Leben zu genießen und auch mal ausgelassen zu feiern.

Federleicht-Tipp: Das ist verrückt, denn genau umgekehrt sollte es sein. Gerade wegen der sinnvollen, helfenden, guten Arbeit am Menschen sollten sie abends feiern und die Sektkorken knallen lassen! Und das gilt auch für dich: In Modul 13 geht es darum, Erfolge anzuerkennen und zu feiern.

Stigmatisierung von Minderheiten

Selbstzweifel können auch entstehen, wenn die Betroffenen zu einer Minderheit zählen oder von anderen Mitgliedern der Gesellschaft in die Minderheitenecke gedrängt werden. Sie spüren, dass sie nicht dem Mainstream der Gesellschaft entsprechen – vielleicht weil sie als Frauen in einem männerdominierten Beruf tätig sind. Oder weil sie als Menschen mit arabischen, russischen, türkischen, polnischen, afghanischen oder asiatischen Wurzeln nicht als Teil Deutschlands betrachtet werden, obwohl sie in der Bundesrepublik geboren sind und besser Hochdeutsch sprechen als alle Bayern und Sachsen zusammen, hier Steuern zahlen und damit den deutschen Staat unterstützen. Nichtsdestotrotz wird ihnen von Teilen der Gesellschaft immer wieder das Gefühl vermittelt, dass sie fremd sind im eigenen Land.

Dieses *Racial-Impostor-Syndrom*[3] ist eine Stigmatisierung, die viel zu weit verbreitet ist. Die Betroffenen müssen ein hohes Maß an Eigenlob aktivieren, um sich »normal« oder zugehörig zu fühlen, egal ob der Minderheitenstatus kulturell, religiös oder sexuell bestimmt ist. Sich zwischen verschiedenen gesellschaftlich-kulturellen Anforderungen als Minderheit zu bewegen, ist mühsam und beschwerlich.[4] Solche Selbstzweifel können sich mit der Zeit in Form von hinderlichen Glaubenssätzen verfestigen (mehr dazu in Kapitel 4).

Auswirkungen der Sozialisation

Unterbewusste Auslöser für Selbstzweifel und Selbstkritik finden sich zudem in unserer Sozialisation. Familiendynamiken beeinflussen uns im Kindesalter, etwa wenn wir für besondere Leistungen gelobt und geliebt werden, aber eben nicht um unser selbst willen. Aufgrund des prägenden, primär familiären Einflusses studieren Nachkommen von Juristen oft Rechtswissenschaften und die Töchter von Ärztinnen entscheiden sich häufig für ein Medizinstudium. Und Unternehmern gefällt es, wenn ihre Töchter den Wunsch äußern, später in den Familienbetrieb einzusteigen. Dass dieser Einfluss auch in kriminellen Familien vorherrscht, habe ich (Jens) in meiner kriminologischen Laufbahn immer wieder feststellen müssen. Die *Theorie der differentiellen Assoziation* erklärt dieses Phänomen: Wir geben unser Know-how an die nächste Generation weiter, egal ob es dabei um das Subsumieren juristischer Texte, den Umgang mit dem Skalpell, die Verinnerlichung der Unternehmenswerte oder die Organisation von Hehlerware geht.

Erziehung und Sozialisation prägen uns also im Guten wie im Schlechten. Wenn man uns schlecht geprägt hat, weil man uns signalisiert hat, dass wir nicht gut genug sind, um den Erwartungen unserer Familie gerecht zu werden, dann haben wir ein schweres Päckchen zu tragen. Ein Päckchen, das uns belastet, weil es unser Selbstvertrauen ankratzt, unsere Selbstzweifel befeuert und unsere Ideen im Keim erstickt, weil wir von außen mit Bedenken überschüttet werden:

- »Ein Studium ist doch bei dir reine Zeitverschwendung!«
- »Ein Sabbatical? Eine Auszeit vom Job nehmen – das ist total irre, das macht man nicht!«
- »Du glaubst doch wohl nicht im Ernst, dass du einen besseren Job finden kannst?«
- »Du und Kite-Surfen? Nie im Leben!«
- »Das ist doch totaler Quatsch! Was du immer denkst ...«

Unerfüllte familiäre Erwartungen

Solange der Nachwuchs den Wünschen der Erziehungsberechtigten entsprechend agiert und die nötigen schulischen und akademischen Leistungen abrufen kann, ist alles bestens. Doch was, wenn nicht? Die Konflikte mit den ehrgeizigen Eltern sind dann programmiert.

Birte erfüllt die Erwartungen ihrer Eltern nicht. Sie nimmt zwar an einer teuren Privatuniversität ein Psychologiestudium auf, sehr zur Freude ihrer Eltern – beide Psychologen. Doch schon am Ende des ersten Semesters erkennt sie ihre Fehlentscheidung. Der wissenschaftliche Rahmen und das Gelaber ihrer Kommilitonen gehen ihr derart auf den Geist, dass sie ihr Studium schmeißt. Von heute auf morgen, ohne dass ihre entsetzten Eltern noch hätten intervenieren können.

»Und was willst du jetzt machen?«, wollen die Eltern wissen.

»Ich werde mit einem neuen Onlineprodukt durchstarten, an dem ich seit einem Jahr heimlich bastele«, erwidert Birte.

»Mit was, bitte?« Ihre Eltern können damit gar nichts anfangen, und daran wird sich auch so schnell nichts ändern. Sie verstehen auch nicht, als Birte sich für mehrere Tausend Euro einen Funnel einrichten lässt, um ihr neues Onlineprodukt zu vermarkten. Was ist bloß mit ihrem Kind los? Beide wundern sich allerdings schon bald, dass ihre Tochter ein deutlich höheres Einkommen generiert als die Eltern zusammen. Wie kann denn das sein?

Ihre Tochter versucht es zu erklären: »Ich polarisiere und skaliere mein Produkt hoch!«

Das verwirrt die Alten noch mehr. Ihr Traum von der Psychologen-Tochter mit eigener Praxis ist zerplatzt. Sie sind enttäuscht – trotz des materiellen Erfolgs ihrer Tochter.

Wenn die Kinder aus der Perspektive ihrer Eltern »versagen«, weil der zunächst nicht ganz freiwillig gewählte Beruf sie überfordert oder sie – so absurd das auch in manchen Ohren klingen mag – völlig andere Wünsche und Träume für ihr Leben haben als ihre Eltern, folgen Konflikte und Liebesentzug leider allzu oft auf dem Fuße:

- »Was, du willst in die Pflege gehen, statt Chefärztin zu werden?«
- »Was, du willst diese brotlose Kunst studieren?«
- »Was, du willst eine handwerkliche Ausbildung machen und Tischlerin werden?«

Die herbe Enttäuschung steht vielen ambitionierten Eltern dann ins Gesicht geschrieben – und mit ihren Zweifeln öffnen sie eben leider auch den Selbstzweifeln ihrer Töchter Tür und Tor. Diese bräuchten jedoch den Support ihrer Eltern bei ihren ersten Karriereschritten und nicht deren Mahnung vor und Unzufriedenheit mit ihrem eingeschlagenen Weg.

Das »soziale Schaf« der Familie

Wenn es schlecht läuft, fördert der Familieneinfluss einen psychologischen Abwertungseffekt, der den Schäfchen-Typ fördert – also einen Mädchen-Typ, der zu naiv durchs Leben geht und mehr zum Opfer, als zur Macherin prädestiniert ist: »Personen mit Impostor-Selbstkonzept wachsen oft in Familien auf, in denen einem nahen Familienmitglied die Rolle des Intelligenten zugeschrieben wird. Dem Kind, das ein Impostor-Selbstkonzept entwickelt, wird dann eher vermittelt, dass es das hübsche, einfühlsame und soziale Kind ist.«[5] So sozial und einfühlsam, dass man in puncto Karriere und Erfolg nicht zu viel von ihm erwartet. Ein Schäfchen eben. Nicht intelligent, aber nett. Und nett ist im Berufsleben die kleine Schwester von Schei…! Die Rollen in der Familie sind damit vergeben und werden überdeutlich ausgedrückt: »Ich hoffe, du findest später einen guten Partner, der dich versorgen kann« oder »Du bist einfach ein Dussel. Ich sehe nicht, dass aus dir etwas werden kann«.

Kinder und Jugendliche, die solche Rückmeldungen erhalten, haben daran zu knabbern. Und sind diese Rollen, diese Zweifel an ihrer Intelligenz, erst einmal festgeschrieben, helfen auch gute schulische Leistungen nicht, denn diese werden als zufällig oder als eine vorübergehende Phase diskreditiert. Die betroffenen Mädchen und jungen Frauen fragen sich dann umso mehr, warum sie aus Sicht ihrer Familie als solche Versagerinnen wahrgenommen werden. Doch höchstwahrscheinlich wird es schon so sein, denn diese Menschen kennen sie schließlich am besten, spukt ihnen im Kopf herum.

Diese negativen familiären Zuschreibungen fressen sich in die Seele der jungen Menschen. Sie manifestieren sich in einer Überempfindlichkeit bei kleinster Kritik, die sie tagelang beschäftigen kann. Und diese übertriebene Beschäftigung mit vermeintlicher Kritik bildet einen soliden Nährboden für Selbstzweifel, Unsicherheiten und Ängste.

Federleicht-Tipp: Für die Umstände deiner Erziehung und dein soziales Umfeld kannst du nichts, du wurdest dort hineingeboren. Aber du musst nicht dein Leben lang darin verfangen bleiben. Mit welchen Methoden du dich aus den Klauen deiner Sozialisation und deren Langzeitauswirkungen langsam, aber sicher befreien kannst, erfährst du in Modul 3.

Angst vor Zurückweisung

Selbstzweifel werden auch durch unsere Angst vor Zurückweisung befeuert. Sie lässt uns erstarren wie das Kaninchen beim Anblick der Schlange. Diese Reaktion ist das Gegenteil von federleicht erfolgreich, das ist total verkrampft. Selbstzweiflerinnen halten eine positive Selbsteinschätzung für übertrieben. Negatives Feedback nehmen sie hingegen bitterernst, und dieses trifft meist auch ihre Achillesferse und bringt sie zu Fall.[6] Daher verstecken sie sich mithilfe der drei folgenden Strategien:

1. **Konsequentes Wegducken.** Sie machen sich möglichst unsichtbar, um keinerlei Angriffsfläche zu bieten. Sie passen sich weitgehend an und vermeiden so, ins Visier von schmerzhaftem Feedback zu geraten. Kein Feedback, keine Zurückweisung, so die Logik. Dieses Verhalten führt jedoch dazu, dass niemand sie und ihr Engagement wahrnimmt.

2. **Vorauseilender Gehorsam.** Sie geben sich stets überaus hilfsbereit, verhalten sich nett, höflich bis anbiedernd. Sie opfern sich für andere auf, leiden im Stillen und hoffen, irgendwann als Gutmensch gewürdigt zu werden, ohne dabei zu bedenken, dass aus Everybody's Darling schnell Everybody's Depp werden kann. In helfenden sozialen, medizinischen und psychologischen Berufen ist diese Haltung verbreitet, mit der sich die Betroffenen jedoch gänzlich von der Wertschätzung anderer abhängig machen.

3. **Rechtfertigungs- und Entschuldigungsorgie.** Sie rechtfertigen und entschuldigen sich ständig. Sie zeigen dabei jedoch kein Rückgrat, weil sie an der Aussagekraft ihrer eigenen Worte zweifeln. Fehler interpretieren sie als Beweis für ihre Unzulänglichkeit. Lieber nichts tun, als einen Fehler zu begehen, wird zu ihrem Lebensmotto. Damit werden Versuch und Irrtum zum Tabu und jedes innovative Handeln zum Albtraum, da Innovationen immer auch die Möglichkeit des Scheiterns beinhalten.

Kognitionspsychologisch ist dieses Denken und Handeln alles andere als zielführend! Diese drei Strategien fördern keinen Erfolg. Aber sie haben einen trügerischen Nutzen für diejenigen, die sie anwenden, denn sie reduzieren die *kognitive Dissonanz*.[7] Sie entsteht, wenn sich zwei Gedanken widersprechen, beispielsweise der Wunsch nach Anerkennung und die gleichzeitige Angst vor Zurückweisung. Dieser Widerspruch löst einen Spannungszustand aus, den die Betroffene zu verringern versucht. In diesem Fall gelingt das, indem die Angst vor Zurückweisung durch eine der drei genannten Unterwürfigkeitsstrategien verkleinert wird. Die Logik, die dahintersteht: Wenn die Betroffene sich freiwillig klein macht, kann die befürchtete Zurückweisung auch nicht mehr so groß sein und wird dadurch erträglicher.

Federleicht-Tipp: Diese drei Strategien empfehlen wir dir ausdrücklich nicht! Du solltest stattdessen mithilfe von Modul 2 deine inneren Kritiker entlarven und lernen, Kritik von außen besser zu verkraften.

Angst vor dem Scheitern

Selbstzweiflerinnen kündigen einen möglichen Misserfolg auch gerne vorbeugend an, denn das »senkt die Erwartungen anderer, vermittelt Bescheidenheit, motiviert gegebenenfalls andere zu sozialer Unterstützung und dient zugleich als Selbstschutz im Falle tatsächlichen Misserfolgs«.[8]

Um eins gleich vorwegzuschicken: Zweifel bei innovativem Handeln sind grundlegend berechtigt! Jede Innovation birgt nun mal eine hohe Misserfolgswahrscheinlichkeit, weil niemand vorhersagen kann, ob die neue Idee wirklich tragfähig ist und sich durchsetzen kann. Das Abwägen möglicher Optionen ist nötig, um Fehlentwicklungen zu vermeiden. Zweifel beschützen uns also, nicht jedem Mainstream blind zu folgen, sondern eigenständig zu denken.

Mit Unwägbarkeiten flexibel umgehen zu können, wird in Zukunft immer wichtiger werden und über den Aufstieg auf der Karriereleiter mitentscheiden. Eine gewisse Ungewissheit müssen wir dabei alle ertragen lernen, weil es heutzutage von Innovationen nur so wimmelt: neuartige Apps, Work-Life-Modelle, Start-ups, Change-Prozesse, Technologien, Verkaufsstrategien – vieles ist im Wandel begriffen und rüttelt ganze Branchen durch. Das Alte gilt nicht mehr, denn es scheint aus der Zeit gefallen zu sein. Aber wie das Neue funktioniert, das ist uns auch nicht klar. Dass diese Ungewissheit Angst und Zweifel auslöst, verwundert nicht, aber es ist unsere Aufgabe zu lernen, mit dieser Herausforderung möglichst entspannt umzugehen.

Eine kleine Selbstzweifelanalyse

Du hast vielleicht schon festgestellt, dass nur ganz bestimmte Personen oder Situationen Selbstzweifel in dir wachrufen. Dazu kann zum Beispiel eine Besprechungssituation zählen, in der du einer Überzahl gegenübersitzt und nicht weißt, ob diese Leute dir wohlgesonnen sind. Entsprechende Konstellationen solltest du dir mal genauer anschauen. Vermutlich werden dir nicht massenhaft unterschiedliche Storys einfallen, sondern ein paar bestimmte immer wieder auftreten. Identifiziere deine persönlichen Selbstzweifel-Trigger!

Bei ihrer Selbstzweifelanalyse fällt der Unternehmensberaterin Dr. Jasmin Mittelhoff sofort ein Männertyp ein, der in ihr die wildesten Selbstzweifel aktivieren kann. Seit ihrer Promotion kann sie sich nicht über mangelndes Selbstbewusstsein beklagen. Eigentlich. Doch ihre Souveränität fällt komplett in sich zusammen, sobald graumelierte, erfahrene Haudegen, also Geschäftsführer oder Unternehmer von großen Firmen, ihre Expertise suchen. Bei Frauen ergeht es ihr nie so – es passiert ausschließlich bei dieser Art von Männern.

Sie ist sich sicher, diesen Führungskräften nichts zu bieten zu haben. Es muss ein unglücklicher Fehler sein, dass ausgerechnet sie ausgesucht und gebucht wurde. Diesen Missgriff werden die Herrschaften sicher schnell bemerken, und im Anschluss werden die Auftraggeber ihre Ratschläge in der Luft zerreißen – wegen der kaum erträglichen Inkompetenz. Solche Gedanken belasten Dr. Mittelhoff enorm und lösen extremen Stress bei ihr aus. Komisch ist nur, dass dieses befürchtete Worst-Case-Szenario niemals eintritt. Doch selbst das beruhigt die erfolgreiche Unternehmerin nicht. Sie mutmaßt stattdessen, dass die Auftraggeber offenbar viel zu höflich sind, um ihr die nackte Wahrheit ins Gesicht zu sagen.

Diese Sorge begleitet Dr. Mittelhoff lange Jahre. Sie verschwindet erst dank eines Spezialisten und mit zunehmendem Alter, auch weil ihre persönliche Empirie eindeutig ein ums andere Mal demonstriert: Es kommt nichts Negatives! Ihre Selbstzweifel lösen sich nach Jahren sozusagen biologisch auf. Ihre Geduld und ihr Durchhaltevermögen zahlen sich aus. Vermutlich wäre es zielführender gewesen, frühzeitig ein Coaching zu dieser Problematik zu buchen. Das hätte ihr viele Schweißperlen und schlaflose Nächte erspart. Aber wie heißt es doch so schön: Besser spät als nie!

Reflexion: Denk über Situationen und Begegnungen mit Menschen nach, die in dir Selbstzweifel hervorrufen. Beschreibe diese Situationen und Personen präzise. Kristallisiert sich dabei ein Muster (oder mehrere) heraus? Bei dieser Analyse wirst du erkennen, dass du nicht in einem Meer von Selbstzweifeln zu ertrinken drohst, sondern dass es nur kleine Inseln sind, die es entsprechend punktuell zu behandeln gilt – mit einem der Werkzeuge, die wir dir in unserem Modulbaukasten in Teil 2 an die Hand geben.

2
Das Impostor-Syndrom

Als Kriminologe dachte ich (Jens) logischerweise direkt an Betrüger, als ich den Begriff »Impostor-Syndrom« beziehungsweise »Hochstapler-Syndrom« zum ersten Mal hörte. Mir kam Felix Krull aus Thomas Manns Roman *Bekenntnisse des Hochstaplers Felix Krull – Der Memoiren erster Teil* in den Sinn. Ich erinnerte mich an die überführte und verurteilte Hochstaplerin Anna Sorokin, die in der New Yorker High Society unterwegs war und die Leute reihenweise zum Narren hielt. Mir fielen Heiratsschwindler ein, die einsame Herzen finanziell aussaugen, und Investment-Jongleure, die das Geld ihrer Kunden nicht anlegen, sondern im Schneeballsystem verbraten, bis sie eines Tages auffliegen. Solche Hochstapler sind frei von Selbstzweifeln und kokettieren sogar mit ihrer betrügerischen Genialität, wie der gelernte Briefträger und Fake-Arzt G. Postel, der nicht nur seine Approbation fälschte, sondern in seinem medizinischen Bewerbungsvortrag das Thema »Die pseudologica phantastica – Die Lügensucht im Dienste der Ich-Erhöhung« wählte.[9] Den Mumm muss man erst mal haben!

Doch kriminelle Hochstapler haben nichts mit dem *Hochstapler-* oder *Impostor-Syndrom* zu tun, von dem hier die Rede ist. Davon werden Menschen geplagt, die ihren Job seriös und gewissenhaft erledigen und dennoch von Selbstzweifeln zerfressen werden. Sie sind davon überzeugt, dass sie auf ihrer Position eine Fehlbesetzung sind, und leben in der ständigen Angst, dass schon bald alle Kolleginnen und Chefs diese Tatsache ebenfalls erkennen werden. Sie denken, sie könnten nichts Bedeutendes tun oder bewirken. Sie geben ihrer Stimme kein Gewicht, denn sie sind sich sicher, dass sie bald durchschaut und als Hochstapler enttarnt werden. Sie glauben, dass die Aussage »Mehr Schein als Sein« auf sie voll und ganz zutrifft. Deswegen verpulvern sie ihre

Zeit und Energie bei dem Versuch, ihre vermeintlichen Inkompetenzen zu verbergen. Sie können keine Komplimente annehmen, geschweige denn genießen, weil sie ihre eigenen Leistungen ins Bedeutungslose herunterspielen. Weil sie sich selbst kleinmachen, können sie ihre Erfolge nicht richtig feiern.

Susanne ist befördert worden, worüber sie sich im ersten Moment freut. Es ist ein weiterer Schritt auf der Karriereleiter. Sie fühlt sich geschmeichelt und genießt ihren Erfolg. Aber nur für einen kurzen Augenblick, denn schon im nächsten Moment schlagen ihre Selbstzweifel gnadenlos zu. Schafft sie das? Was, wenn sie versagt? Was, wenn sie sich blamiert und allen anderen klar wird, dass sie eigentlich gar nichts kann? Ihre anfängliche Vorfreude wird im Keim erstickt. Stattdessen drehen sich ihre Gedanken nun im Kreis, und die Gedankenspirale wird immer negativer. Susanne fühlt sich zunehmend gestresst, wie gelähmt und unter Druck.

Pauline Rose Clance und Suzanne Imes sind die Entdeckerinnen des Impostor-Syndroms. Die beiden sind Professorinnen für klinische Psychologie an der Georgia State University und haben bereits in den 1970er-Jahren das Zusammenspiel von guten Leistungen und starken Selbstzweifeln entdeckt. Es klingt auf den ersten Blick verrückt, aber objektive Spitzenleistungen im Job führten bei den Probandinnen nicht zu dem Gefühl, wirklich zu etwas fähig zu sein.[10] Selbstkritisch meinten sie, ihr Erfolg sei nur ihrem Charme, ihrem Glück oder anderen Zufällen zu verdanken, aber nicht ihrer harten Arbeit und ihrer Intelligenz.

Sonja Rohrmann, Professorin für differentielle Psychologie, war nach ihren Interviews mit Führungsfrauen und -männern im Jahr 2018 von dem Ergebnis überrascht, dass nahezu der Hälfte das Impostor-Syndrom vertraut war. Kritisch sieht sie dabei den Begriff »Syndrom«, da dieser ein psychisches Störungsbild assoziiert. »Aber es ist nichts per se Krankhaftes. Es handelt sich um ein […] Persönlichkeitsmerkmal, das von ganz gering bis sehr stark ausgeprägt sein kann. Bei einer sehr starken Ausprägung besteht ein erheblicher Leidensdruck, der Krankheitswert besitzen kann. Aber das ist wirklich nur im Extrembereich der Fall. Ich nenne das Phänomen daher lieber Impostor-Selbstkonzept.«[11] Sie weist darauf hin, dass dieses Selbstkonzept nicht frauenspezifisch ist, sondern bei Männern genauso häufig vorkommt – was ich (Jens) aus meinen Begegnungen mit männlichen Führungskräften nur bestätigen kann. So manches aufgeblähte Ego kaschiert Selbstzweifel mit einem übertrieben dynamischen Auftritt.

Rohrmann betont zudem, dass »insbesondere westliche leistungs- und wettbewerbsorientierte Gesellschaften sich begünstigend auf die Entwicklung eines solchen Selbstkonzepts auswirken, da hier der persönliche Wert an der erbrachten Leistung gemessen wird«.[12] Die ungeschriebenen Selbstmarketinggesetze unserer Gesellschaft spielen dem Hochstapler-Syndrom in die Hände: »Unsicherheiten werden überspielt, Fehler verschwiegen und das eigene Können bestmöglich dargestellt. Das kann unter Umständen so erlebt werden, dass man anderen etwas vormacht, nicht authentisch ist.«[13] Die Unsicherheiten der Selbstzweifler werden durch diese Inszenierungen befeuert, wenn sie nicht als Inszenierungen durchschaut und für bare Münze genommen werden.

Der Lauf des Lebens

Das Leben ist wie ein Marathon. Wir alle starten an der gleichen Linie, sind aber unterschiedlich ausgestattet. Und niemand weiß im Vorfeld, was noch so alles kommen wird. Also laufen wir los und schauen uns neugierig um. Was uns wohl erwartet? Welche Wege und Strecken es wohl gibt? Das ist irgendwie aufregend und beängstigend zugleich. Es gibt Phasen, in denen wir schneller laufen, auch mal einen kleinen Sprint einbauen, etwa bis zum nächsten Baum oder zur nächsten Parkbank. Und so manches Mal spüren wir dann, dass wir schneller atmen oder sogar nach Luft ringen, weil wir uns zu sehr verausgabt haben. Dann laufen wir wieder etwas langsamer, legen eine Verschnaufpause ein, atmen durch, betrachten die Umgebung, unterhalten uns vielleicht sogar mit anderen Läufern oder absolvieren einen Teil der Strecke gemeinsam, bis sich unsere Wege wieder trennen.

Wir entdecken ein Ziel, das wir gerne ansteuern wollen – fokussiert, konzentriert, willensstark. Mal ist eine Etappe kürzer, mal länger. Die Beine brennen, die Lunge schreit nach Luft, doch wir laufen weiter, bewältigen diese Etappe. Und die nächste. Und die nächste. Wir verschnaufen wieder, atmen tief durch. Wir nehmen uns einen Moment Zeit und betrachten die Umgebung. Was wir schon alles geschafft haben! Wir genießen den Augenblick und zockeln dann langsam weiter, traben bergab, genießen die Dynamik.

Unsere Leistungsgesellschaft

Diesen Lauf des Lebens in unserem Tempo zu laufen, ihn bewusst zu absolvieren und ganz bei uns zu bleiben, das sollte unser eigentliches Ziel sein. Doch Höchstleistung erbringen und Funktionieren werden in unserer Gesellschaft großgeschrieben. Disziplin, Ehrgeiz und Biss haben, etwas erreichen und bewirken wollen, all das wird von vielen positiv assoziiert. Und wir lernen es spätestens in der Schule: Gute Noten bringen uns weiter, sehr gute Noten an die Spitze. Sie ermöglichen es uns, aus einer Vielzahl an hoch angesehenen zulassungsbeschränkten Studiengängen auszuwählen. Ist die Studienhürde genommen, gilt es, sich neben einer Vielzahl anderer Studierender zu beweisen – und dann ab auf den Arbeitsmarkt und die Karriereleiter hinauf. Schneller, höher, weiter! Stillstand ist nicht gewünscht und wird eher mit Rückschritt in Verbindung gebracht.

Dabei die Balance zu halten und sich nicht permanent zu verausgaben, ist schwierig, manchmal nahezu unmöglich. Denn während Leistung, Zielstrebigkeit und Anstrengung anerkannt sind, werden Pausen, Auszeiten, Kreativität, Passivität und Loslassen nicht sonderlich gerne gesehen. Dabei haben sie alle ihre Daseinsberechtigung!

Mara ist 32 Jahre alt und arbeitet als Juristin in einer großen Kanzlei. Es ist ihr Traumjob. Schon ihre Eltern haben immer wieder betont, wie wichtig Ehrgeiz und Leistung seien. Das Studium hat Mara überaus erfolgreich abgeschlossen, aber sie selbst empfindet das nicht als besonders herausragend. Danach konnte sie direkt in die Kanzlei ihrer Wahl einsteigen. Sie hat dort von Beginn an ihr Bestes gegeben – und Mara will immer noch hoch hinaus. Sie will viel erreichen, etwas bewirken und sich beweisen. Die Ärmel hochkrempeln, sich engagieren und anpacken, das kann sie, denn sie ist diszipliniert. Auch wenn sie selbst oft findet, dass ihre Disziplin noch ausbaufähig ist. Sie achtet auf ihre Ernährung und trainiert in ihrer Freizeit für einen Halbmarathon. Das ist schon ganz okay, aber ein kompletter Marathon wäre natürlich ideal. Mehr ist in ihren Augen immer möglich!

Mara fühlt sich oft unzufrieden und unglücklich, obwohl sie schon viel erreicht hat und das macht, was sie sich vorgestellt hat. Sie fühlt sich gestresst, und so sehr sie sich bemüht, sie hat immer das Gefühl, sie wäre nicht gut genug. Es reicht nie!

Für Außenstehende ist es leicht zu erkennen: Mara genießt den Lauf ihres Lebens nicht, weil sie ununterbrochen sprintet. Doch das merkt sie gar nicht, weil innere Kräfte sie unbewusst gnadenlos antreiben. Und was passiert, wenn wir bei einem Marathon permanent zu schnell laufen? Genau: Wir verausgaben uns und sind irgendwann am Ende unserer Kräfte.

Federleicht-Tipp: Das Leben ist ein Marathon und dafür darfst und musst du dir deine Energie gut einteilen. Dann kann dein Berufsleben langfristig federleicht erfolgreich werden und dir Freude bereiten. Wie du das in Zukunft besser schaffst, erfährst du in den Modulen 14 und 15.

Leistungsbasiertes Selbstwertgefühl

Wir können nicht immer nur leisten und funktionieren. Wir sind Menschen, keine Maschinen! Einen Ausgleich herzustellen, ist daher enorm wichtig und absolut keine Zeitverschwendung. Aber warum ist es für Perfektionistinnen und Selbstzweiflerinnen so wichtig, immer zu funktionieren, bloß keine Schwäche zu zeigen, sich immer enorm anzustrengen und stets leistungsstark zu sein?

Viele von ihnen definieren ihren Selbstwert über ihre Leistung: Leisten sie viel, sind sie wertvoll. Leisten sie wenig, sind sie auch nichts wert. Um sich zu beweisen, dass sie gut genug sind, leisten sie deswegen immer mehr, jagen immer höheren Zielen nach. Und was passiert, wenn sie diese Ziele erreichen? Ihre innere Stimme ruft höhnisch: »Es reicht noch nicht! So besonders ist das nicht!« Und schon werten sie ihre Spitzenleistung ab, sie haben das Gefühl, dass das nicht wirklich zählt. Sie sind gefangen in ihrem selbst erschaffenen Hamsterrad, und es bleibt ihnen nichts anderes übrig, als sich weiter abzustrampeln – und doch nie ans Ziel zu kommen.

Natürlich meldet sich die innere Stimme auch zu Wort, wenn sie etwas nicht schaffen, wenn sie scheitern und ihr hoch gestecktes Ziel nicht erreichen. Selbst wenn es einfach nur etwas länger dauert als geplant: »War ja klar, du Loserin! Hast dich nicht angestrengt. Du kannst nicht genug. Du weißt nicht genug. Du bist nicht gut genug!«

Federleicht-Tipp: All das ist Gift für dein Selbstwertgefühl! Umso wichtiger ist es, Denk- und Verhaltensmuster zu etablieren, die dein Selbstwertgefühl aufbauen und stabilisieren. Wie das geht, erfährst du in Modul 13.

Immenser persönlicher Leistungsanspruch

Die Managementprofessorin Laura Empson von der britischen Cass Business School nennt unsichere Leistungsträger *Insecure Overachievers*.[14] Begabung und Ehrgeiz treiben ihren Erfolg in Höhen, in denen die Luft so dünn wird, dass sie kaum noch zu Atem kommen und sich überfordert fühlen. Ihr Streben nach Erfolg macht sie blind. Anstatt anzuerkennen, dass Menschen in zu dünner Luft selbst mit großem Aufwand kaum überlebensfähig sind, empfinden sie sich aber als Versager, wenn sie nicht nach dem maximal Möglichen streben. Sie wollen zu viel und geraten damit in die Falle des *Ikarus-Effekts*: Im Streben nach Erfolg werden sie zu risikobereit, auch zu überheblich, zu überfordernd und geraten ins Straucheln. Zur Erinnerung: Ikarus musste seinen Höhenflug in der griechischen Mythologie ja mit einem Sturzflug ins Meer bezahlen. Seine zu großen Ambitionen schmolzen in der Sonne, der er zu nahe gekommen war.

Aufgrund ihres immensen Leistungsanspruchs neigen Insecure Overachievers dazu, sich bei Spitzenunternehmen zu bewerben. Jobs in derartigen Unternehmen wirken beruhigend auf ihre Selbstzweifel, denn wenn so eine Firma sie einstellt – so ihre Logik – muss ja etwas an ihnen dran sein. Ihr Impostor-Syndrom könnte mit diesem Aufstieg gelöst sein, wenn sie nicht gleich in die nächste Falle tappen würden. Denn der extreme Wettbewerbsdruck in diesen Unternehmen führt bei den selbstunsicheren Überfliegern dazu, dass sie sich physisch und psychisch bis zur Arbeitsunfähigkeit ausbeuten lassen. Diese Arbeitsunfähigkeit betrachten sie dann als Bestätigung ihres persönlichen Versagens – und nicht als eine strukturell angelegte Ausbeutungsstrategie dieser Unternehmen, die von ihrem Leistungsethos materiell stark profitieren.

Empson empfiehlt Insecure Overachievers zwei kluge Strategien, um sich aus dieser Falle zu befreien:[15]

1. **Erfolg selbst definieren.** Insecure Overachievers sollten sich nicht vom Unternehmen eintrichtern lassen, was Erfolg bedeutet, sondern dies selbst festlegen. Sonst werden sie anfällig für Manipulationen mit Zuckerbrot und Peitsche und lassen sich unter Umständen durch Schmeicheleien, Bonuszahlungen und Entlassungsdrohungen weit über ihr körperliches Limit anstacheln. Karriere ist ein Marathon – und dafür müssen sie unbedingt ihr eigenes Tempo finden, in dem sie entspannt erfolgreich agieren können.

2. **Erfolge feiern.** Insecure Overachievers erarbeiten sich ihren Erfolg mit großem Engagement, werten ihn aber nach dem Erreichen schnell wieder ab, weil sie bereits die nächsthöhere Stufe vor Augen haben. Das gerade Erreichte würdigen sie nicht und lassen es auf Gartenzwergformat schrumpfen. Sehr schade!

»Die Betroffenen streben Erfolge an, weil jeder große Erfolg als Beweis für ihren Wert gilt. Haben sie ihr Ziel aber schließlich erreicht, glauben sie nicht daran, den Erfolg verdient zu haben«, schreibt auch Lemper-Pychlau.[16] Zu hohe Ansprüche an sich selbst haben viele sozusagen schon mit der Muttermilch aufgesogen (Stichwort: Sozialisation).

Maria – *nomen est omen* – ist eine Pastorin, die sich rührend um ihre Gemeinde kümmert. Sie hat Herz, sie kümmert sich und stellt sich auch schwierigsten Aufgaben, wie der Begleitung todkranker Kinder, um ihnen und deren Eltern einen letzten Halt zu geben. Ihre Mutter interessiert dieses Engagement nicht. Sie fragt bei jedem Familientreffen, warum Maria »nur« Pastorin und nicht Pröbstin geworden sei und damit eine »richtige« kirchliche Führungskraft. Marias Nächstenliebe und ihr selbstloser Einsatz in der Gemeinde werden durch dieses familiäre Karrieredenken in Schutt und Asche gelegt. Ihre Selbstzweifel, genährt aus der Gewissheit, diesen hohen mütterlichen Ansprüchen nicht zu genügen, sind so programmiert.

Diesem unangenehmen Umstand begegnen Selbstzweiflerinnen allzu oft mit zwei Strategien, die wir dir ausdrücklich *nicht* empfehlen:

1. **Tiefstapeln aus Angst (Downshifting):** Manche Menschen, so die Psychologin Sabine Rohrmann, entwickeln eine sehr spezielle Eigenart, um ihre beruflichen Selbstzweifel in den Griff zu bekommen. Sie wählen keine »beruflichen Ausbildungsgänge, die ihrem Hauptinteresse entsprechen, sondern solche, denen sie sich gewachsen fühlen. Aus Angst vor Misserfolg bleiben sie oft hinter ihren Möglichkeiten zurück und nutzen ihre Ressourcen nicht aus«.[17] Sie machen sich also schon bei der Berufswahl prophylaktisch kleiner, als sie sind, um ihren Versagensängsten ein Schnippchen zu schlagen. Allerdings bringen sie sich damit auch um die Chance einer großen Karriere: Sie lassen sich zur Krankenschwester oder Pflegerin ausbilden, statt das Medizinstudium zu wagen. Sie wählen die Ausbildung zur Steuerfachangestellten, statt sich als Steuerberaterin selbstständig zu machen.

2. **Delegieren aus Angst:** Manche Selbstzweiflerinnen delegieren anspruchsvolle Tätigkeiten, die sie sich selbst nicht zutrauen, an andere, die keine Versagensängste haben und die die Kohlen für sie aus dem Feuer holen sollen. Das ist im Grunde genommen eine sehr gute Strategie, auf die sie stolz sein könnten. Das sind sie aber nicht. Denn Selbstzweiflerinnen loben sich nicht für diesen Coup, sondern kritisieren sich, weil sie das Vorhaben nicht eigenhändig umsetzen konnten. Schade eigentlich, denn niemand kann alles allein umsetzen.

Federleicht-Tipp: Verbau dir nicht eigenhändig tolle Chancen im Berufsleben! »Think big« lautet dein neues Motto – also beginne immer mit dem Großen. Wenn du es am Ende doch nicht packst (was passieren kann und ja auch passieren darf), kannst du später immer noch die kleinere Variante wählen (mehr dazu in Kapitel 5). Für ein federleichtes Berufsleben ist Delegieren zudem eine wichtige Kompetenz, gerade wenn dich die Vielzahl der Arbeitsaufgaben überlastet. Wenn dir das Delegieren gelingt, hast du ein dickes Eigenlob verdient! Mehr dazu in Kapitel 4 und in Modul 13.

Die Vergleichsfalle

Vergleiche treiben Perfektionistinnen und Selbstzweiflerinnen in den Wahnsinn, weil sie sich nie nach unten vergleichen, sondern immer nach oben. Dabei können sie nie gewinnen, egal wie weit sie es im Job oder im Leben bringen. Denn es gibt immer Menschen, die eine noch glücklichere Partnerschaft haben, die in einem noch besseren Stadtteil wohnen, einen noch schönerem Meerblick genießen, eine noch teurere Luxusuhr besitzen, die noch hippere Edel-Handtaschen ausführen, noch leichter ihr Geld verdienen, noch schlanker sind, noch eloquenter und charmanter auftreten oder schlicht beliebter sind.

Menschen haben sich schon immer gerne verglichen, um ihren Wert und Status zu definieren: Mein Haus, mein Auto, mein Boot … Im digitalen »Zeitalter der absoluten Vergleichbarkeit«[18] ist es sogar kinderleicht geworden, sich global mit Menschen zu messen, die es zum Teil deutlich weiter gebracht haben als wir selbst. Dabei reduziert jeder Vergleich in den sozialen Medien, die Lebenszufriedenheit innerhalb kürzester Zeit, also direkt nach dem Lesen des Postings von der Traum-Location mit den Top-Influencern, so das Institute of Labor Economics.[19] Doch viele Menschen inszenieren sich auch einfach nur cleverer, was sie nach außen hin sportlicher, attraktiver und erfolgreicher erscheinen lässt. Alles fällt ihnen in den Schoß – so ist zumindest der Eindruck.

Die heutigen Optimierungsansprüche verlangen Alleskönner überall, eine eierlegende Wollmilchsau wäre gerade mal so recht. Wenn wir auf Instagram, Facebook, Xing, LinkedIn oder TikTok unterwegs sind, begegnen uns diese optimierten Frauen und Männer ständig. Doch vieles davon ist eine realitätsverzerrende Super-Show. Ein Vergleich ist immer eine Best-of-Momentaufnahme. Menschen, die wir heute um ihr schönes Leben beneiden, können schwer erkranken, gehen pleite oder leiden unter einer schmerzhaften Trennung. Nur diese Schicksalsschläge posten sie so gut wie nie. In den sozialen Medien sieht man den Glamour eines Bilderbuchlebens.

Das Unterschätzungs-Überschätzungs-Dilemma

Selbstzweiflerinnen stecken in einem *Unterschätzungs-Überschätzungs-Dilemma*, weil sie sich selbst zu kritisch wahrnehmen und gleichzeitig die Fähigkeiten ihres Umfelds viel zu hoch einschätzen.

Ich (Jens) konnte das sehr gut bei einer Kollegin beobachten, die mir so ziemlich alles zutraute und mich mit Vorschusslorbeeren und fachlichen Komplimenten regelrecht überschüttete. Sie überschätzte mich. Sie vermutete bei mir Kompetenzen, die ich definitiv nicht hatte und immer noch nicht habe (und ich muss es schließlich am besten wissen!). Gleichzeitig arbeitete sie unermüdlich an ihrer »Verzwergung«, indem sie sich kleiner machte, als sie in Wirklichkeit war. In meinen Augen hatte sie nämlich eine Menge drauf, und ich war nicht der Einzige, der das so sah. Doch an sich selbst ließ sie kaum ein gutes Haar und drückte sich regelrecht in einen Sumpf der Selbstkritik.

Ihre Selbstzweifel waren so groß wie unberechtigt. Schade, dass offenbar nur ihre Mitmenschen das wussten. Ich wünschte, sie würde es endlich auch erkennen! Ich wies sie des Öfteren auf die Vorzüge von Eigenlob hin. Sie nickte dann zwar, setzte es aber nicht in die Tat um. Es ist eben nicht so simpel, das eigene Mindset zu ändern. Meine gut gemeinte Empfehlung reichte nicht aus, um sie vom Impostor-Syndrom zu befreien. Da musste mehr passieren, vor allem in ihrem Inneren!

Selbstzweiflerinnen gewichten gleich mehrere Punkte falsch: Sie messen ihren Schwächen und Defiziten zu große Bedeutung bei, sie überschätzen die oftmals mittelmäßigen Kompetenzen ihrer Mitmenschen und fühlen sich ihnen unterlegen, weil sie ihre eigenen Stärken und Talente unterschätzen, und haben zudem häufig perfektionistische Ansprüche an sich selbst und andere.

Federleicht-Tipp: Selbstzweifel entstehen also auch, weil du überschätzt, was andere leisten, und dich zudem nur nach oben vergleichst: mit Überfliegern, Genies oder Ausnahmetalenten. Oder mit Menschen, die dir an Erfahrung um Jahre voraus sind. Das ist zum einen schmerzhaft und zum anderen total sinnlos. Das solltest du auf jeden Fall bald ändern!

Der Underreporting-Effekt und der Superfrau-Komplex

Das permanente Vergleichen macht Selbstzweiflerinnen zudem zu Opfern des *Underreporting-Effekts*[20]: Sie erkennen ihren fehlenden Perfektionismus und ihre Defizite und kritisieren sich dafür. Sie erkennen nicht, dass sie die Latte viel zu hoch legen. Stattdessen ziehen sie selbst bei kleinen Rückschlägen oder minimalen Fehlern ihre Professionalität grundlegend in Zweifel.

Sybille ist eine aufstrebende IT-Frau. Sie liefert in ihrer Projektgruppe eine hervorragende Power-Point-Präsentation ab. Grafisch sehr gut aufbereitet. Komplexe Inhalte trägt sie komprimiert vor, alles mit Quellen und Zahlen belegt. Ganz stark!

Aber freut sich Sybille? Nein! In ihren Augen hat sie versagt, denn ganz am Anfang der Präsentation hat sie einen Versprecher, der ihrer Nervosität geschuldet ist, den sie aber sofort korrigiert und der sie eigentlich sehr sympathisch macht. Für sie ist das aber ein ausgewachsenes Worst-Case-Szenario, das von einem Kollegen auf die Spitze getrieben wird, der zu spät kommt und aus Unachtsamkeit über das Beamer-Kabel stolpert, sodass kurzzeitig die Präsentation ausfällt.

Statt den Zuspätkommer den Schaden beheben zu lassen oder das Desaster mit augenzwinkerndem Humor zu nehmen, sinkt Sybille hektisch auf die Knie, um das Kabel wieder einzustöpseln, begleitet von den prüfenden oder gar spöttischen Blicken der Kollegen und ihren prompten Selbstvorwürfen, nicht professionell genug gehandelt zu haben. Zu ärgerlich!

Aber was für ein Mindset braucht Sybille, damit sie mit solchen Situationen und ihren Selbstzweifeln souveräner umgehen lernt? Fangen wir mal damit an, was Sybille definitiv nicht braucht, nämlich das Feedback einer Kollegin, die sagt: »Ich finde durchaus, dass man bei einer Präsentation dafür sorgen sollte, keine Stolperfallen zu bauen. Man könnte ja auch selbst darüberfallen. Und auf Zuspätkommer muss man sich doch eigentlich immer einstellen.« Dieses Feedback verstärkt Sybilles Selbstzweifel, denn es ordnet sich ihrer Logik unter: An Misserfolgen hat sie selbst Schuld, Kabel muss sie anständig verlegen, für Verspätungen muss sie Verständnis haben. Kurz: Sie ist inkompetent – trotz der 1A-Inhalte, die sie vorgetragen hat.

Dazu passt, dass viele Selbstzweiflerinnen glauben, ihre Kompetenz vorspielen zu müssen, weil sie sich selbst für inkompetent halten. Doch diese Maske, die verbergen soll, dass nur heiße Luft hinter ihrer beruflichen Fassade steckt, belastet sie. Im Fachjargon nennt sich das *Perceived Fraudulence*, also ein subjektiv empfundener Betrug, der es den Betroffenen erschwert, ihr Berufsleben und ihre Erfolge zu feiern und mit Leichtigkeit zu genießen.[21] Stattdessen kommt das ins Spiel, was Ellen S. Stern, die Präsidentin der Stern Literary Consulting, den Superfrau-Komplex[22] nennt, der erstklassige Ergebnisse ohne besonderen Aufwand erwartet: Super im Job, super Liebhaberin, super Mama, alles super und jederzeit einsatzbereit, wenn Not am Mann (!) ist. Was für ein Irrsinn! Den meisten von uns gelingen noch nicht einmal Spitzenergebnisse mit großem Aufwand. Aber ohne? Ein Wahnsinnsanspruch!

Federleicht-Tipp: Das Federleicht-Prinzip kann dich aus dem Vergleichsmodus befreien, damit du mehr Leichtigkeit in deinem Privat- und Berufsleben entwickelst. Denn Vergleichen ist der Denksport der Unzufriedenen, der Perfektionistinnen und der Selbstzweiflerinnen.

Dich auf deine eigenen Ziele zu fokussieren, fördert hingegen deine Karriere. Wie dir das federleicht gelingt, erfährst du in Modul 5.

Ein kleiner Impostor-Syndrom-Check

Mit der Clance Impostor Phenomenon Scale, kurz CIPS, kannst du überprüfen, wie anfällig du für das Impostor-Syndrom bist.[23] Beantworte spontan diese fünf exemplarischen Testfragen auf einer Skala von 1 bis 5 (1 = trifft nicht zu, 5 trifft völlig zu):

1. Hast du bei beruflichen Aufgaben Erfolg gehabt, obwohl du vorher Angst hattest zu versagen?
2. Wenn dich Kollegen wegen deiner Leistung loben, fürchtest du, ihren Erwartungen zukünftig nicht entsprechen zu können?
3. Hast du Angst, dass dein Umfeld herausbekommt, dass du eigentlich unfähig bist?
4. Erledigst du nur sehr selten Aufgaben so, wie du es gerne möchtest?
5. Fällt es dir schwer, Komplimente wegen deiner Leistungen als berechtigt anzunehmen?

Je höher deine Zustimmungsquote liegt, desto größer sind deine Selbstzweifel und desto wahrscheinlicher ist es, dass du eine Affinität zum Impostor-Syndrom hast. Aber keine Sorge, wir verraten dir, wie du dich allmählich von diesem hinderlichen Denk- und Verhaltensmuster befreien kannst.

Der Impostor-Zyklus

Aufgrund deiner nagenden Selbstzweifel kannst du die Früchte deiner Arbeit nicht genießen. Du landest immer wieder in derselben Negativspirale, dem *Impostor-Zyklus*, der Leichtigkeit im Job verhindert.

(Über-)Fordernde Aufgabenstellung

Alles beginnt damit, dass du im Job eine Aufgabe gestellt bekommst, die dich fordert und reizt oder vielleicht sogar etwas überfordert. Das ruft dann eine leichte Panik hervor und du fragst dich, ob du das überhaupt schaffen kannst. Dabei werden unbewusste hinderliche Glaubenssätze wie »Ich bin nicht gut genug« automatisch aktiviert (mehr dazu in Kapitel 4). Unzählige negative Gedanken rasen dir durch den Kopf. Manchmal stellt sich aber auch nur ein unangenehmes Gefühl ein – ein dumpfes Ziehen im Bauch, ein klopfendes Herz, ein Engegefühl in der Brust.

Federleicht-Tipp: Das kommt dir alles bekannt vor? Keine Panik! Es ist ganz normal, dass du solche Gefühle und Gedanken hast. Diese Ambivalenz zwischen Vorfreude und Panik legt sich in der Regel mit zunehmendem Alter und mit zunehmender Routine. Bis dahin solltest du bei den Anzeichen für das Impostor-Syndrom hellhörig werden, und du kannst in jedem Fall schon früh aktiv werden. Fang am besten mit Modul 1 an. Danach kannst du im Modul 6 die richtigen Weichen für dich stellen, um dein größter Fan zu werden.

Die Abzweigung zum Perfektionismus

Trotz dieser Belastung stellst du dich der Herausforderung. Du gehst deine neue Aufgabe engagiert an, mit einem hohen Anspruch, was den Leistungsdruck weiter erhöht. Du ackerst wie ein Tier, du bedenkst jedes noch so kleine Detail, du hängst dich voll rein. Am Ende ziehst du dein Ding durch und alles klappt mehr oder weniger wie geplant aufgrund deiner perfekten Vorbereitung. Aber du hast nicht das Gefühl, dass das Ergebnis deiner Intelligenz und/oder Kompetenz geschuldet ist. Du ziehst stattdessen den Schluss, dass du es nur geschafft hast, weil du dich so sehr angestrengt, alles kontrolliert und antizipiert hast. *Externalisierung* nennt sich das im Fachjargon (dazu gleich mehr).

Das Fatale daran ist: So kannst du niemals die Erfahrung machen, dass deine tollen Resultate eben kein Zufallstreffer, sondern deiner harten Arbeit und deinem Engagement geschuldet sind. Viel hilfreicher wäre die Erkenntnis: »Wow, ich bin wirklich gut! Obwohl ich mich total verrückt gemacht und ohne Pause akribisch vorbereitet habe, habe ich das super hinbekommen.« Und daraufhin die federleichte Schlussfolgerung: »Nächstes Mal gehe ich das Ganze viel entspannter an!«

Stattdessen fühlst du dich immer noch gestresst und nervös. Selbst kleine kritische Anmerkungen zu deiner Leistung fühlen sich an wie Stiche ins Herz und bestätigen, ja zementieren geradezu deine Grundeinstellung: »Wusste ich's doch! Ich bin einfach nicht gut genug!« Die Folge: Niedergeschlagenheit, Scham, Enttäuschung oder Wut auf dich selbst. Federleicht ist anders!

Die Abzweigung zur Prokrastination

Manchmal fühlst du dich so überfordert von der neuen Aufgabe, dass du in die Prokrastination flüchtest, also die allseits bekannte Aufschieberitis, bis du unter Schlafstörungen leidest, weil dir die unerledigte Aufgabe nicht mehr aus dem Kopf geht. Prokrastination führt zu ähnlich psychisch belastenden Folgen wie Perfektionismus, auch wenn die Arbeitsergebnisse bei der zeitintensiveren perfektionistischen Herangehensweise natürlich deutlich besser sind als bei einer schnellen Erledigung des Arbeitsauftrags in letzter Minute.

Je länger du den Startschuss hinauszögerst, desto unerträglicher wird der mit der Aufschieberitis einhergehende Zeitdruck. Diese hausgemachte Zeitnot führt dazu, dass du die Aufgabe auf den allerletzten Drücker erledigst, was logischerweise mit jeder Menge Stress und Versagensängsten verbunden ist. Du hast das Gefühl, alles mit heißer Nadel gestrickt zu haben – und das stimmt ja auch. Das ist ein 1A-Selbstsabotageprogramm, und du machst dir Vorwürfe. Deine federleichte Schlussfolgerung für das nächste Mal sollte stattdessen lauten: »Das hat noch mal ganz gut hingehauen, aber in Zukunft sollte ich besser auf mein Zeitmanagement achten und lieber etwas früher anfangen. Das erspart mir jede Menge Stress!«

Der Teufelskreis des Impostor-Zyklus

Beides sind schlechte Strategien: Die eine stellt zu hohe Ansprüche, bei der anderen macht dich der selbst gemachte Zeitdruck verrückt. In beiden Fällen erledigst du die Aufgabe irgendwie. Beim Perfektionismus wegen des Mehraufwands besser, beim Prokrastinieren wegen des Zeitdrucks in der Regel deutlich schlechter. Du bist jedenfalls erleichtert, das Ganze endlich hinter dir zu haben. Eigentlich wäre jetzt alles gut, sodass du es dabei belassen könntest. Du müsstest nur beim nächsten Mal ein wenig klüger vorgehen: entweder weniger perfektionistisch oder mit einem besseren Zeitmanagement. Oder beides. *That's it.*

Doch dein Gedankenkarussell als Selbstzweiflerin dreht sich nun in eine andere Richtung. Du denkst darüber nach, was du *noch besser* hättest erledigen können. So toll war deine Performance ja nun wirklich nicht. Eigentlich war sie sogar richtig schlecht, wenn man bedenkt, was man daraus hätte machen können. Du hast am Ende des Tages das Gefühl, Glück gehabt zu haben, sonst hättest du diese Aufgabe total vergeigt. Du wertest deine Arbeitsergebnisse ab und transferierst diese Unzufriedenheit gleich in die nächste Aufgabe, die an dich herangetragen wird, sodass erneut Panik aufsteigt. Denn nun glaubst du, allen beweisen zu müssen, was *wirklich* machbar ist, wenn du dich voll reinhängst. Doch du fürchtest auch, spätestens beim nächsten Mal als Loserin und Hochstaplerin geoutet zu werden. Dann wissen alle, dass du nichts draufhast!

Dabei hast du mit einem oder gleich mehreren Selbstsabotagemechanismen zu kämpfen, die dich mehr oder weniger automatisch auf dem Weg zu einem federleichten Leben in die Irre führen oder ausbremsen:

- **Downshifting:** Je stärker deine Selbstzweifel wachsen, desto größer wird – wie bereits beschrieben – deine Neigung zum *Downshifting*, also zum Tiefstapeln. Du machst dich vorsorglich klein, indem du dich zum Beispiel schneller mit zu niedrigen Karrierestufen zufrieden gibst und gar nicht mehr nach Höherem strebst, obwohl du dafür absolut qualifiziert wärst. Und das nur weil du glaubst, mehr hättest du nicht verdient oder zu mehr seist du nicht in der Lage. Im vorauseilenden Gehorsam wählst du demnach eine Exit-Strategie und nimmst dich damit aus freien Stücken aus dem Aufstiegsrennen, bevor es überhaupt richtig begonnen hat.

- **Externalisierung:** Du machst deinen Erfolg und deine Leistung nicht an deiner Person oder deinem Können fest, sondern an etwas im Außen – egal ob du es auf die Anstrengung schiebst oder auf Glück, Vitamin B oder den Zufall. Die Journalistin Sabine Magnet formulierte es so: »Es war Glück, totaler Zufall, eine Verwechslung, die schlechte Performance der Mitbewerber*innen, der Sympathievorschuss von Vorgesetzten, die günstige Sternenkonstellation [...] ein Eskalationslooping.«[24] Stolz über die erbrachte Leistung? Genuss des erreichten Erfolgs? Fehlanzeige!

- **Dramatisieren:** Erfolge schreibst du also äußeren Umständen zu, wie Glück oder Zufall, abgewertet und bagatellisiert, Misserfolge hingegen ganz klar deiner Unfähigkeit. Und dies wird noch dazu überbordend zelebriert, aufgebauscht und dramatisiert. Selbst bei kleinen Fehlleistungen, die ganz normal sind, weil wir alle Fehler begehen, wirst du zur Drama-Queen, deren Erregungszustand und Weltuntergangsrhetorik völlig unangemessen erscheinen.

Du sitzt scheinbar in der Falle! Dabei ist es ein gänzlich hausgemachter, übermenschlicher Druck, der den Impostor-Zyklus immer wieder von Neuem durchstarten lässt, ihm noch mehr Schwung verleiht und die hinderlichen Glaubenssätze noch tiefer in dein Denken und Handeln einschleift. Doch es gibt einen Ausweg. Es ist möglich, dieses Hamsterrad zu stoppen und stattdessen federleicht durchzustarten!

3
Auf dem Weg zu mehr Wohlbefinden

Der Sozial- und Bildungswissenschaftler Klaus Hurrelmann definiert Sozialisation als den »Prozess der Entstehung und Entwicklung der Persönlichkeit in wechselseitiger Abhängigkeit von der gesellschaftlich vermittelten sozialen und dinglich-materiellen Umwelt«.[25] Natürlich beeinflusst dich die dinglich-materielle Umwelt, also etwa dein Einkommen oder deine Wohnsituation oder ob deine Firma gut ausgestattet ist. Auch dein sozialer Status ist bedeutend für dein Wohlbefinden, also ob du gesellschaftlich integriert bist, ausgegrenzt wirst oder isoliert lebst wie Kasper Hauser. Diese Einflüsse interagieren mit deiner Persönlichkeit, deinem IQ, deiner emotionalen Intelligenz, deiner körperlichen Konstitution, deinem langen Atem. Ob du Einsteckerqualitäten hast oder bei jeder Kleinigkeit, die nach Ärger klingt, in Tränen ausbrichst, ist ebenfalls das Ergebnis dieses Wechselspiels von innerer und äußerer Realität, dem du permanent ausgesetzt bist.

Diese Komplexität beleuchtet das Federleicht-Prinzip durch den Fokus auf deine *Person-Umwelt-Interaktionen*. Du sollst deine Interaktionen zukünftig so gestalten, dass berufliche Schwere gegen Leichtigkeit eingetauscht werden kann, damit sich der Impostor-Zyklus in den Federleicht-Zyklus verwandelt (mehr dazu in Kapitel 4).

Dieses Vorgehen entspricht der Zielsetzung des sozialisationstheoretischen Verständnisses, das die Weiterentwicklung deiner Persönlichkeit anstrebt *(innere Realität)* sowie die Verarbeitung von Herausforderungen, die im beruflichen wie privaten Setting an dich gestellt werden *(äußere Realität)*. Das ist ein lebenslanger Prozess, in dem du immer wieder gefordert bist, die äußeren Anforderungen an dich mit deinen persönlichen Interessen und Bedürfnissen in Einklang zu bringen. Wenn dir das gelingt, hast du den Ausgleich zwischen deiner sozial-gesellschaftlichen Identität und deiner persönlichen Identität erreicht. Spannungen und Disharmonien zwischen deinen Wünschen und den beruflich-gesellschaftlichen Anforderungen kannst du auf dieser Grundlage souverän bewältigen.

Das Modell der produktiven Realitätsverarbeitung

Theoretisch bist du eine produktive Realitätsverarbeiterin, die sich ihr Leben lang jederzeit entscheiden kann, diesen oder jenen Weg zu gehen, immer im Austausch mit den äußeren und inneren Einflüssen, die dich umgeben. Diese Einflüsse stecken den Rahmen ab, in dem du dich bewegst – und das gibt dir jede Menge Spielraum. Du kannst diesen Rahmen nämlich auch jederzeit erweitern, indem du Grenzen überschreitest. Um das zu tun, musst du »nur« dein Mindset verändern, sodass du zukünftig bereit bist, deine Realität produktiv – das bedeutet im Kontext des Federleicht-Prinzips: mit dir im Einklang und nach deinen Wünschen – zu beeinflussen. Du hast einen aktiven, entscheidenden und vor allem lebenslangen Einfluss auf die Gestaltung deiner Biografie.

Das theoretische *Modell der produktiven Realitätsverarbeitung*[26] erklärt die Veränderungsprozesse hin zu mehr beruflicher Leichtigkeit, indem es sich von einem linearen, eindimensionalen Erklärungsversuch verabschiedet. Demnach bist du eben nicht nur durch individuelle Prägungen wie deine Familie und gesellschaftliche Einflüsse bestimmt. Ganz entscheidend ist für deine Sozialisation das *Wechselspiel von innerer und äußerer Realität,* das du durch deine eigenen Reaktionen und Interaktionen maßgeblich mitbestimmst. Die innere Realität betrachtet dabei deine psychischen Prozesse und physiologischen Strukturen. Die äußere Realität repräsentiert die gesellschaftlichen Gegebenheiten sowie die Normen und Werte, die dich prägen. Diese Aneignungsprozesse geschehen immer in sozialen Interaktionen in Aushandlungsprozessen, in denen wir alle uns permanent befinden, um unsere Realität zu gestalten, erträglicher zu machen oder sogar zum Positiven zu beeinflussen. Solche Aushandlungsprozesse begegnen dir konkret im Job, wenn du beispielsweise über dein Gehalt verhandelst, über deine Aufgabenvielfalt oder deine Überstunden und generell wenn es um deine Leistungsbereitschaft geht.

Handlungskompetenz im Fokus

Diesem ökologischen und interdisziplinären sozialisationstheoretischen Erklärungsmodell folgt auch das Federleicht-Prinzip, das deine Handlungskompetenz in den Mittelpunkt seiner Überlegungen stellt. Um zu einer produktiven Realitätsverarbeiterin zu werden, muss dein Fokus also auf deine *Handlungskompetenz* gerichtet sein. Handeln versteht sich als eine Subkategorie des Verhaltensbegriffs und meint dein absichtliches, auf ein Ziel ausgerichtetes und geplantes Handeln. Du brauchst Handlungskompetenz, um den Anforderungen der Berufswelt gerecht zu werden, ohne dabei deine eigenen Bedürfnisse zu vernachlässigen.

Die Weiterentwicklung deiner Handlungskompetenz ist allerdings nur an Orten möglich, an denen du zwischen mehreren Optionen wählen kannst und dir nicht von anderen, etwa deinem Chef oder deinen Kolleginnen, suggeriert wird, es gäbe keine Alternativen. Doch dann nimmst du dich als Playerin aus dem Spiel, weil du passiv bleibst, statt deine Handlungskompetenz zu entfalten und produktive Vorschläge einzubringen. Nur eine proaktive Herangehensweise sichert unter den sich ständig verändernden gesellschaftlichen Rahmenbedingungen ein Mindestmaß an Stabilität, weil du dich auf diese Weise viel stärker in die naturgemäß ungewissen Zukunftsaussichten einbringst. Denk daher stets daran: Es gibt immer Optionen!

Reflexives Selbstbild

Um Alternativen und Optionen zu erkennen, brauchst du ein *reflexives Selbstbild*, also eine Einschätzung über dich selbst, die du als Basis für situationsangemessenes Verhalten zugrunde legst. Diese Reflexion ist von Bedeutung: Ob du dich selbst als Macherin wahrnimmst oder als graue Maus, hat gewaltige Konsequenzen für dein Leben und alles, was du dir zutraust – oder eben auch nicht.

Eine realistische Wahrnehmung deiner selbst ist entscheidend dafür, dass du berufliche Probleme souverän zu bewältigen lernst. Vereinfacht gesagt: Je realistischer du deine Handlungskompetenzen einschätzt, desto sachgerechter und effizienter kannst du agieren. Dabei helfen dir Unterstützung und Zuspruch aus deinem Umfeld: Je unterstützender deine sozialen Beziehungen sind, je stabiler dein Netzwerk ist und je fachlich anerkannter du bist, desto leichter wird dir die berufliche Problembewältigung fallen. Doch entscheidend ist, dass du dich selbst unterstützt. Sei dein größter Fan, deine glühendste Fürsprecherin, dein unumstößliches Support-System. Es geht hier also um positiv eingefärbte Selbstbewertungen, die deine Stärken betonen und dich in ein gutes Licht stellen.

Negative Selbstzuschreibungen signalisieren dagegen eher psychische Instabilität. »Das habe ich nicht gelernt, deswegen kann ich das nicht« ist ein typischer Instabilitätssatz, ebenso wie »Ich bin zu alt/zu unerfahren/zu langsam« oder »Die anderen sind sowieso klüger«. Das heißt natürlich nicht, dass du ab sofort alles an dir schönreden sollst und jeden kritischen Gedanken beiseite schiebst. Aber das Modell der produktiven Realitätsverarbeitung empfiehlt ein Übergewicht der positiven Perspektive, die dir den nötigen Mut verleiht und den entscheidenden Schubs gibt, um deine Komfortzone zu verlassen, deine Grenzen zu überschreiten und damit die Rahmenbedingungen zu erweitern.

Interaktionen mit anderen

Es ist von entscheidender Bedeutung, mit wem wir interagieren, denn die Werte und Normen unserer Interaktionspartner prägen uns maßgeblich. Das verdeutlicht die familiäre Prägung, die als einflussreichster Vermittler unserer äußeren wie inneren Realität fungiert und dem sich niemand entziehen kann, egal ob dieser Einfluss förderlich ist oder uns eher Steine in den Weg legt.

Die Familie hat eine zentrale *Vermittlungs- und Transmissionsfunktion,* weil sie viele Jahre darüber entscheidet, welche Erkenntnisse und Lebensentwürfe zu dir durchdringen. Die Botschaften, die der »Familienfilter« durchlässt, prägen dein Leben, ob du es willst oder nicht. So predigt eine Beamtenfamilie wohl am ehesten Sicherheit als oberstes Gebot, sodass du womöglich gar nicht auf die Idee kommen wirst, als risikobereite Selbstständige ein eigenes Business aufbauen zu wollen. Eine Künstlerfamilie wird dich unter Umständen derart kapitalismus- und leistungskritisch erziehen, dass du Jobs, in denen man sehr gut verdient, als anrüchig betrachtest. Natürlich lassen sich die Dynamiken in einer Familie nicht auf solche einfachen Kausalzusammenhänge reduzieren, aber das Mindset deiner Familie, das Wertegerüst, die Normen und Regeln, können in deiner Entwicklung und in deinem Leben im Allgemeinen hilfreich oder hinderlich sein.

Als produktive Realitätsverarbeiterin achtest du darauf, welcher Person du welche Bedeutung einräumst. Auch das ist Teil der Aushandlungsprozesse. In deinem beruflichen wie privaten Umfeld brauchst du Menschen, die dich fördern, motivieren, loben und wertschätzen. Mit diesen Personen umgibst du dich möglichst zeitintensiv. Anders sieht es mit Mitmenschen aus, die das Gegenteil praktizieren, die dich also demotivieren und kleinmachen wollen – und das womöglich sogar bewusst.

Warum sie das überhaupt anstreben, ist uninteressant, auch wenn du dir diese Frage vermutlich schon oft gestellt hast. Frag nicht nach ihrer Motivation, miss sie lediglich an ihren Taten. Sind diese eher destruktiv einzuordnen, musst du diese Personen rigoros an den Rand deines Lebens stellen oder sogar komplett aus deinem Leben verbannen. An diesen Menschen solltest du dich jedenfalls nicht abarbeiten, es ist die Mühe nicht wert. Ihnen gegenüber musst du dich weder erklären noch rechtfertigen. Das kostet nur Zeit und es nervt! Lass sie am besten links liegen und widme dich anderen Dingen, die dich weiterbringen.

Federleicht-Tipp: Wenn du das nicht tust, mutierst du zu einer *un*produktiven Realitätsverarbeiterin. Denn sei dir sicher: Diese Nörgler, Kritiker und Miesmacher wollen nicht, dass du deine Realität verarbeitest. Schon gar nicht produktiv. Sie wollen dich an deiner Realität scheitern sehen. Aber wir wollen das nicht – und du willst das doch auch nicht. Also handle entsprechend! In Modul 2 erfährst du, wie du deren Attacken weniger persönlich nimmst, und in Modul 7, wie du die entsprechenden Einsteckerqualitäten dafür entwickelst.

Ökologische Übergänge

Durch deine Erfahrungen und deine Reaktionen befindet sich deine Realität in einem ständigen Veränderungsprozess: Du sondierst, greifst ein, gestaltest oder lässt passiv alles über dich ergehen. Bei allem stehst du als Subjekt im permanenten Austausch mit der dich umgebenden Realität. Um diesem Austausch und seiner Komplexität gerecht zu werden, lehnt der Ansatz der produktiven Realitätsverarbeitung die Eindimensionalität von Soziologie, Pädagogik und Psychologie und deren Makro- beziehungsweise Mikrodimensionen ab. Er favorisiert stattdessen die Mehrdimensionalität im Sinne einer *ganzheitlichen ökologischen Perspektive.*

Der Begriff »ökologisch« umfasst dabei nicht nur die Natur, sondern alle Systeme, die dich umgeben: vom Arbeitsplatz über familiäre und kulturelle Prägungen bis hin zu den medialen Einflüssen oder gar Umweltproblematiken, die dein Leben beeinflussen, etwa der permanente Baulärm vor deinem Bürofenster, der dein Nervenkostüm überstrapaziert, woraufhin du im Job als überempfindlich wahrgenommen wirst. Besonderes Augenmerk wird dabei auf die sogenannten *ökologischen Übergänge* gelegt, also jene Lebensmomente, die dich in besonderem Maße herausfordern, weil sie extrem sind oder einen neuen Lebensweg einläuten. Als extrem gelten alle Formen von Traumata wie Todesfälle, der unerwartete Verlust des Arbeitsplatzes oder der Seitensprung des geliebten Partners, die dein Zukunftsmodell ins Wanken bringen können.

Ökologische Übergänge erlebst du aber immer wieder, weil sie das Leben einfach mit sich bringt: das Verlassen des Elternhauses, die Unklarheit nach dem Abitur, das Studienende mit seinen ungewissen Berufsaussichten, der Wechsel in einen neuen Job, der Umzug in eine andere Stadt oder das Zusammenziehen mit dem Partner deiner Träume. Das alles sind Momente, in denen du überdurchschnittlich stark gefordert wirst. Es wird deutlich, dass das Alte nicht mehr gilt, aber das Neue noch nicht erworben und geregelt ist. In der Soziologie spricht man von einem *anomischen Zustand*, in dem du dich befindest und der dich besonders krisenanfällig macht.

Gerade in diesen Umbruchsituationen ist die Fähigkeit zur produktiven Realitätsverarbeitung von besonderer Bedeutung, denn eine nicht produktive Verarbeitung des Neuen potenziert das Konflikthafte derart herausfordernder Situationen. Die Gefahr der Nichtbewältigung deiner Entwicklungsaufgaben wächst dadurch an und dein Scheitern könnte drohen.

Sabrina, Teamleiterin in der Autobranche, scheitert an diesem Neuen: Sie hat Benzin im Blut und die Umstellung auf Elektromobilität kann von ihr aus jetzt kommen – aber bitte nicht in ihrem Bereich, den sie von der Pike auf beherrscht. Ihre Bereitschaft, in dieser Umbruchsituation mit anzupacken, wird von der nächsthöheren Ebene als unzureichend empfunden. Aus diesem Grund wird Sabrina zum Auslaufmodell, genauso wie ihre Verbrennermotoren.

Sabrinas stabile Ich-Identität ist durch ihren beruflichen Absturz gefährdet, denn ihr gelingt es in dieser Überforderungssituation nicht, die Kluft zwischen ihrer Einzigartigkeit als Individuum und den neuen Anforderungen ihres Umfelds zu überbrücken.

Eine mangelnde Übereinstimmung der personalen und sozialen Aspekte der eigenen Identität sind nicht leicht zu bewältigen. Sie können Störungen der Persönlichkeitsentwicklung zur Folge haben, die sich in körperlichen Beschwerden, psychischee Niedergeschlagenheit bis hin zu ausgewachsenen Syndromen, wie dem Impostor-Syndrom, ausdrücken können. Diese problematische Entwicklung erhöht die Vulnerabilität, also das Gefühl von Verletzlichkeit, Schutz- und Hilflosigkeit. Dieser möglichen Negativspirale wollen wir mit dem Federleicht-Prinzip etwas Substanzielles entgegensetzen, indem wir dich im ersten Schritt auffordern, die Rolle der produktiven Realitätsverarbeiterin anzunehmen.

Reflexion: Mit welchen Reaktionen begegnest du den Herausforderungen, die sich dir in den Weg stellen? Was erlaubt dir dein Mindset, das durch deine Sozialisationserfahrungen geprägt ist? Traust du dir zum Beispiel voller Überzeugung zu, berufliche Schwierigkeiten (= äußere Realität) souverän zu lösen? Oder steckst du den Kopf lieber in den Sand, weil dir das nötige Selbstbewusstsein (= innere Realität) dafür (noch) fehlt? Bist du bereit, dich als produktive Realitätsverarbeiterin zu betrachten, um dadurch auch zur produktiven Realitäts*veränderin* zu werden?

Federleicht-Tipp: Produktive Realitätsverarbeiterinnen definieren ihr Ziel und ordnen diesem Ziel ihr Handeln unter. Tust du das auch schon? Du kannst aktiv entscheiden, den Weg des Impostor-Syndroms weiterzugehen oder stattdessen den neuen Weg zum Federleicht-Prinzip einzuschlagen. Vor allem die Module 1, 9 und 10 sind für dich zu Beginn hilfreich.

4
Das Modell des Federleicht-Prinzips

Mithilfe des Federleicht-Prinzips bringst du deine beruflichen Belastungen und deine innere Leichtigkeit in Einklang. So gelingt dir der »äquilibristische Tanz zwischen den Welten«, wie es der Psychotherapeut und Mediator Ed Watzke so prosaisch formulierte. Du setzt also auf die Sowohl-als-auch-Strategie. Das bedeutet, du verschiebst deinen Genuss nicht in die Zukunft, bis du endlich allen anderen erfolgreich geholfen hast, denn das ist unmöglich. Du weißt nämlich genau, dass Mitleiden nur das Leid in unserer Welt erhöht und deine eigenen Kräfte schwächt, die du für deine beruflichen Herausforderungen so dringend brauchst.

Das Federleicht-Prinzip basiert daher auf drei zentralen Säulen:

1. Es hinterfragt deine Glaubenssätze, die dich dazu bringen, an dir und deinen Leistungen zu zweifeln.
2. Es verschafft dir ein Erfolgs-Mindset, also das Know-how, um mit deinen Selbstzweifeln und deinen Katastrophenfantasien umzugehen, deine Erfolge anzuerkennen und mit Misserfolgen entspannter umzugehen.
3. Es korrigiert und optimiert deinen Umgang mit beruflichen Herausforderungen. Smart statt hart arbeiten, lautet die Devise.

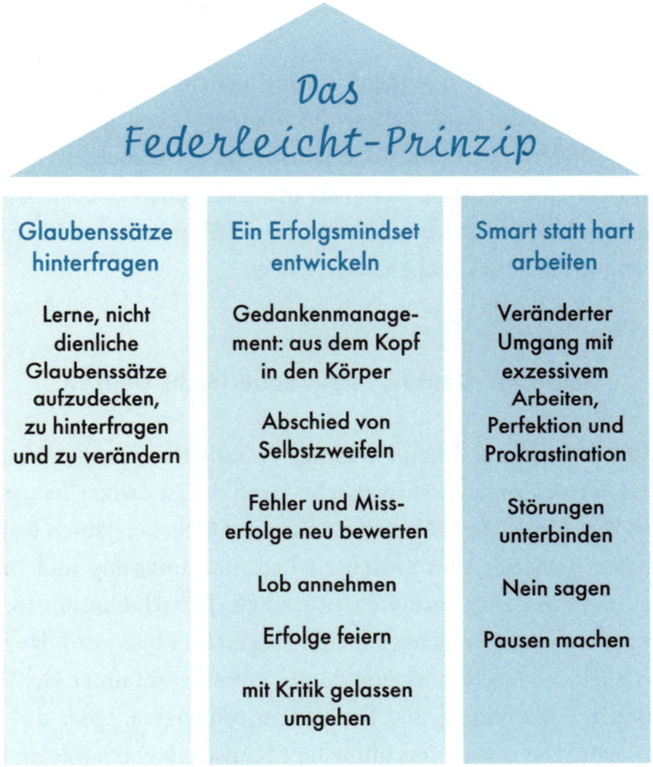

Das Federleicht-Prinzip fragt vor diesem Hintergrund: Warum hast du Selbstzweifel? Warum befürchtest du Katastrophen? Wieso wertest du deine Erfolge ab? Und wie bist du zu den selbstkritischen Glaubenssätzen gekommen, die dein Denken und Verhalten ausbremsen? Familie, Kultur, Bildungseinrichtungen, Religion, gesellschaftliche Normen, Einflüsse der Wettbewerbsgesellschaft – all das hat deine Denk- und Verhaltensmuster über die Zeit geprägt. Doch du bist kein Opfer dieser Einflussfaktoren, kein Spielball, der hin und her gestoßen wird, denn du kannst maßgeblich mitbestimmen. Sogar mehr, als du im Moment vielleicht denkst.

Säule 1: Glaubenssätze hinterfragen

Hast du dich schon mal gefragt, warum manche Menschen mit einer solchen Leichtigkeit und Gelassenheit durchs Leben gehen, egal wie widrig die äußeren Umstände erscheinen? Oder wie mehrere Personen ein und dieselbe Situation komplett unterschiedlich erleben können? Die Antwort lautet, dass es an ihrem Denken und ihren unbewussten Überzeugungen, also Glaubenssätzen, liegt.

Impostor-Denken versus Federleicht-Denken

Stell dir mal vor, du sollst eine wichtige Präsentation vor dem Vorstand halten. Du hast das noch nie gemacht – und das ist deine Chance, dich zu beweisen. Dein Chef hält große Stücke auf dich, bei deinen Kollegen findet sich hingegen alles zwischen Neid, Bewunderung und Erleichterung, nicht in deinen Schuhen zu stecken. Je nachdem mit welchen Denkmustern und Glaubenssätzen du ausgestattet bist, wird das Ergebnis ausfallen. Vielleicht meisterst du die Präsentation unter viel Druck, akribischer Vorbereitung und Panik, aber erfolgreich. Oder du stresst dich so sehr, dass du vor versammelter Mannschaft einen totalen Blackout hast. Oder du freust dich auf die Herausforderung. Es gibt zahlreiche Varianten, wie es laufen kann, und ein wichtiger Faktor, der dies beeinflusst, ist dein Denken.

- **Impostor-Denken:** Du bereitest dich exzessiv vor, malst dir immer wieder aus, wie der Vorstand Fragen stellt, die du nicht beantworten kannst. Du legst dein Privatleben für die Phase der Vorbereitung auf Halde, um deine Präsentation bis ins Kleinste zu perfektionieren. Das fühlt sich anstrengend an, und es ist zäh. Du kämpfst dich durch und musst immer wieder Denkblockaden überwinden. Du gehst deine Präsentation immer wieder durch, bis dir fast schwindelig wird. Abends im Bett quält dich dein Kopfkino. Du siehst, wie du belächelt wirst und dich dein Chef am Ende fragt, was du dir dabei denn nur gedacht hättest. Er steht stirnrunzelnd vor dir und sagt in gedämpfter Stimme: »Ich hätte wirklich mehr von Ihnen erwartet.«

Dann hältst du die Präsentation im realen Leben. Dein Herz rast wie wild, aber du ziehst es durch. Dein Chef ist begeistert und gibt dir ein tolles Feedback. Aber du siehst nur die Gesichter der Vorstände und denkst: »Na klar, vor denen muss er ja was Positives sagen. Das meint er nicht ernst.«

- **Federleicht-Denken:** Dein Herz hüpft höher. Natürlich bist du aufgeregt, aber du freust dich auch auf die Chance und weißt, dass du das super hinbekommen wirst. Du weißt, dass du gut in deinem Job bist. Aber auch, dass du das noch nie gemacht hast und dir deshalb Zeit geben darfst, in diese Aufgabe hineinzuwachsen. Schließlich ist noch kein Meister vom Himmel gefallen. Du atmest tief durch und machst dir bewusst: »Okay, einen Schritt nach dem anderen.« Du bereitest dich gut vor, überlegst, was du für wirklich wichtig hältst. Du hast viele gute Ideen und sprühst nur so vor Inspiration und Tatendrang. Natürlich gibt es auch Momente, in denen du mal durchhängst oder dich gestresst fühlst. Du bist nicht perfekt und brauchst es auch nicht zu sein. Aber dann hältst du inne und schaust genauer hin: Was ist da gerade los? Was löst diesen Druck in dir aus? Und du suchst nach einer passenden Lösung. Zwischendurch triffst du dich mit einer Freundin auf ein Glas Wein und erzählst ihr von der Chance, und sie staunt. Du lässt deine Notizen ein, zwei Tage liegen und gewinnst etwas Abstand. Vor allem wenn du bemerkst, dass du dich verbeißen willst oder gerade ein Brett vor dem Kopf hast. Du übst die Präsentation mit einem Kollegen in einem leeren Konferenzsaal ein. Klar hast du auch Momente, in denen du aufgeregt bist. Ein bisschen Lampenfieber gehört dazu. Aber du erinnerst dich daran, dass du gut vorbereitet bist und auch nicht am offenen Herzen operierst. Bei aller Aufregung weißt du, dass du es hinbekommen wirst. Und selbst wenn nicht alles läuft wie geplant: Du wirst es überleben. Am Ende lieferst du ab, dein Chef ist begeistert, das Publikum auch, und du bist total stolz auf dich. Zu Recht!

Du siehst also: identische Ausgangssituation, völlig unterschiedliche Reaktionen und Erkenntnisse. Der Grund dafür ist die subjektive Wahrnehmung und Bewertung der Situation.

Federleicht-Tipp: Dein Denken bestimmt dein Handeln, dein Fühlen und somit auch deine Ergebnisse. Du kannst lernen, mit deinen Gedanken und Reaktionen in bestimmten Situationen anders umzugehen und deine Bewertung von Ereignissen zu verändern. Mehr dazu in Modul 3 und Modul 12.

Das ABC-Modell

Wieso reagieren wir eigentlich so unterschiedlich auf identische Situationen? Albert Ellis erklärt es mithilfe seines ABC-Modells[27], das er im Rahmen des rational-emotiven Therapieansatzes entwickelt hat. A steht für *activating event*, also das auslösende Ereignis, beispielsweise das Halten eines wichtigen Vortrags. B sind die individuellen Bewertungen und Interpretationen von A (*beliefs*) und C die emotionalen Reaktionen und Verhaltensweisen (*consequences*). Das auslösende Ereignis (A) – in unserem Fall das Halten des Vortrags – aktiviert eine bewusste oder unbewusste Überzeugung, im Federleicht-Prinzip sprechen wir von Glaubenssätzen. Auf Basis dieses Glaubenssatzes findet eine individuelle Bewertung statt (B).

Demnach kann das auslösende Ereignis (A) »Präsentation vor dem Vorstand« positive Glaubenssätze und Einstellungen (B) aktivieren wie »Ich schaffe das«, »Ich muss nicht alles auf Anhieb können«, »Ich bin gut genug«, »Ich weiß genug« – oder eben negative wie »Ich kann das nicht«, »Fehler sind schlimm«, »Ich bin nicht gut genug«, »Ich weiß nicht genug«. Diese beeinflussen wiederum die Bewertung und Interpretation des auslösenden Ereignisses (A). Auf daraus resultierende Versagensängste (C) können wir beispielsweise mit exzessiver Vorbereitung (C) reagieren, wohingegen uns ein solides Selbstvertrauen eine entspannte Vorbereitung ohne Erfolgseinbußen erlaubt oder auch einen entspannteren Umgang mit Misserfolg.

Tief verwurzelte Glaubenssätze, die uns oftmals nicht bewusst sind, beeinflussen die Bewertung einer Situation. Das können motivierende, bestärkende Gedanken sein oder eben verunsichernde, ängstigende.

Auch diese Gedanken bekommen wir nicht immer bewusst mit, da sie sich oftmals automatisiert haben. Wir erleben nur noch unsere Reaktion anhand unserer Emotionen und unseres Verhaltens.

Die Entstehung von Glaubenssätzen

Du kommst wie ein leeres Regelwerk zur Welt. Du hast noch keine Vorstellungen von dir, dem Leben und davon, was richtig oder falsch ist. Im Laufe deiner Kindheit und Jugend füllt sich dieses Regelwerk allmählich. Die Familie, in der du aufwächst, teilt ihre Lebensweisheiten und Regeln mit dir (Stichwort: Sozialisation), beispielsweise dass man immer aufessen sollte. Du hörst Aussagen wie: »Ohne Fleiß kein Preis.« Du bekommst direkte Rückmeldungen wie: »Reiß dich doch mal zusammen. Sei nicht immer so emotional!« Oder du ziehst – meist unbewusst – Rückschlüsse daraus, wie andere mit dir umgehen. Du bemerkst vielleicht, dass dein Vater begeistert ist, wenn du Einser mit nach Hause bringst, während die Enttäuschung groß ist, wenn das nicht der Fall ist, und schlussfolgerst: »Ich muss exzellente Leistung abliefern, um geliebt zu werden!« Oder dir wird immer wieder gesagt: »Aus dir soll doch was werden, also musst du auch hart dafür arbeiten.« Oder du bekommst von einer Lehrerin gesagt, dass du dir das Gymnasium abschminken solltest, denn dafür seist du einfach nicht geeignet und auf einer Realschule besser aufgehoben.

Nach und nach bildest du so dein Glaubenssystem aus – über dich und wie diese Welt funktioniert, wie du dich am besten verhalten und was du auf keinen Fall tun solltest. Dabei gilt: Dein Erleben ist rein subjektiv. Du siehst die Welt eingefärbt durch deine Erfahrungen. Wenn du beispielsweise fest davon überzeugt bist, nicht gut genug zu sein, kann es passieren, dass du die Welt weiterhin so siehst, selbst wenn dich deine Chefin lobt, dein Partner dich liebt und dich viele andere unterstützen. Deine gesamte Wahrnehmung ist eingefärbt von dem Glaubenssatz »Ich bin nicht gut genug« und filtert demzufolge die »Gegenbeweise«, also dass du gut genug bist, schlichtweg heraus. Stattdessen siehst du nur, wo du nicht gut genug warst, darauf ist dein Fokus gerichtet. Oder du findest vermeintlich plausible Gründe, warum die Gegenbeweise nicht gelten: »Das Kompliment meint er ja gar nicht so. Das hätte ich schon noch besser machen müssen.«

Programmierte Emotionen und Verhaltensweisen

Es kann schnell der Eindruck entstehen, dass eine Situation »verantwortlich« für unser Fühlen und Handeln ist. Dabei sind es unsere aktivierten Glaubenssätze und daraus resultierenden Gedanken. Diese können sich aber automatisieren, wodurch wir sie nicht mehr bewusst mitbekommen. Wir reagieren nur noch automatisch und sind im Autopilotmodus unterwegs.

Die Psychologinnen Franziska Einsle und Katrin Hummel veranschaulichen diesen Prozess anhand des Autofahrens.[28] Die ersten Fahrstunden können noch sehr überwältigend sein, weil wir auf sehr vieles achten müssen: Anfahren ohne Holpern, Gänge rechtzeitig wechseln, Vorfahrtsregeln und Geschwindigkeitsbegrenzungen erkennen und beachten, sanftes Bremsen an einer roten Ampel, Schulterblick vor dem Abbiegen oder Spurwechsel et cetera. Zunächst tun wir dies alles sehr bewusst und aufmerksam, weil es neu und ungewohnt ist. Doch durch Übung und Wiederholung automatisieren sich diese Prozesse und wir müssen nicht mehr bewusst an alles denken. Wir tun es einfach, wir reagieren nur noch.

Federleicht-Tipp: Wie du deine hinderlichen Glaubenssätze identifizierst, in Zukunft besser mit ihnen klarkommst und sie im Idealfall sogar veränderst, erfährst du in Modul 3.

Säule 2: Ein Erfolgs-Mindset entwickeln

Das Federleicht-Prinzip soll dir neuen Mut machen, um deine Selbstzweifel beiseite zu fegen! Denn du bist nicht hilflos. Du bist kein Spielball externer Kräfte, egal ob diese aus der Gesellschaft, der Kultur, deinem beruflichen Umfeld oder deiner Familie auf dich einwirken. Es hilft dir, ein Erfolgs-Mindset zu entwickeln, gelassener mit leistungsbezogenen Herausforderungen umzugehen, deine Erfolge endlich zu genießen, aber natürlich auch mit Misserfolgen und Missgeschicken besser umzugehen. Denn sie gehören nun einmal zum Leben.

Umdenken lernen

Selbstzweifel können wir auf unterschiedlichen Ebenen erleben. Sie drücken sich in körperlichen Reaktionen aus, zum Beispiel einem Druck auf der Brust, einem Ziehen im Bauch oder Gefühlen von Angst oder Unsicherheit. Und sie manifestieren sich auf gedanklicher Ebene, im allseits bekannten Kopfkino: Gedanken rasen durch deinen Kopf, Bilder tauchen auf. Manchmal sind diese Gedanken aber so schnell, dass du sie nicht mitbekommst und du nur noch deine unangenehme körperliche Reaktion wahrnimmst. Oder einfach wie auf Autopilot nach deinem persönlichen Schema F reagierst und stellenweise gar nicht weißt, warum du das gerade tust oder dich so fühlst. Trotzdem ist die Situation objektiv betrachtet zunächst einfach nur da, denn wie schon beschrieben, basiert deine Reaktion auf emotionaler und Verhaltensebene auf der individuellen Bewertung und Interpretation der Situation, welche wiederum von den zugrunde liegenden Glaubenssätzen bedingt werden.

Wenn wir bestimmte Gedanken und Verhaltensweisen oft genug wiederholen, automatisieren sie sich schließlich. Wir laufen wie auf Autopilot. An sich eine gute Erfindung, denn das spart jede Menge Energie. Problematisch wird es, wenn es sich um Gedanken handelt, die verzerrt oder von fehlerhaften Schlussfolgerungen geprägt sind, es sich also um sogenannte *kognitive Fehler* handelt:[29]

- **Katastrophisieren:** Wie der Name schon erahnen lässt, geht es hier um den Worst Case. Beispielsweise dir auszumalen, wie du bei der anstehenden wichtigen Präsentation vor dem Vorstand völlig versagst. Dabei ist die Wahrscheinlichkeit einer solchen Katastrophe verschwindend gering, stimmt's? Doch allein diese Vorstellung hemmt dich in deiner Performance und verursacht unnötigen Stress. Sie verleitet dich vielleicht dazu, in die exzessive Vorbereitung zu gehen, um diese potenzielle Katastrophe zu verhindern (Stichwort: Perfektionismusfalle), oder sie hemmt dich so sehr, dass du die Vorbereitung ewig aufschiebst und zum Ende hin wirklich nur unter hohem Druck und akuter Zeitknappheit deine Präsentation vorbereiten kannst (Stichwort: Prokrastination).

- **Schwarz-weiß-Denken:** Es lebt von Extremen und lässt keine Grautöne zu. Entweder performst du in einem Vorstellungsgespräch perfekt oder du bekommst den Job nicht. Entweder bist du die perfekte Führungskraft, machst immer alles richtig und wirst von deinen Mitarbeitern geliebt oder du hast komplett versagt und bist gänzlich ungeeignet für diese Position. Du schreibst einen Bestseller oder dein Buch wird verrissen. Dabei gibt es offensichtlich zwischen diesen Extremen jede Menge weitere Möglichkeiten.

- **Vergrößern und Verkleinern:** Wir vergrößern gerne Missgeschicke oder kritische Anmerkungen und verkleinern gerne Erfolge, Leistungen und Anerkennung. Die Bedeutung von Ergebnissen wird also über- oder unterschätzt. Beispielsweise bewertest du das Lob deines Chefs nach der Präsentation nicht sonderlich hoch, sondern wertest es eher ab, während eine falsche Anrede in einer E-Mail an einen neuen Kunden oder kleinere Änderungswünsche an deinen Berichten für dich gefühlt einem Weltuntergang gleichen.

- **Gedankenlesen:** In dem Fall malst du dir aus, was eine andere Person denkt. Beispielsweise während einer Präsentation: »Mein Chef guckt so ernst. Er findet meine Präsentation furchtbar!« Dass dein Chef konzentriert ist und aufmerksam zuhört, was erst einmal nichts mit deiner Leistung oder der Qualität deiner Präsentation zu tun hat, ziehst du in dieser Situation gar nicht in Betracht.

- **Externalisieren und Internalisieren:** In diesem Fall werden Erfolge auf äußere Faktoren geschoben wie Zufall, Glück, harte Arbeit oder Sympathie. Einen Zusammenhang mit deinem Können siehst du eher nicht. Fehler und Missgeschicke werden hingegen internalisiert und voll und ganz dir selbst zugeschrieben: Für Misserfolge fühlst du dich zu 110 Prozent verantwortlich.

Federleicht-Tipp: All diese kognitiven Fehler beeinflussen und verzerren dein Denken, deine Entscheidungen und somit deine Reaktionen. Durch das Aufdecken dieser hinderlichen Denk- und Verhaltensmuster hast du die Möglichkeit, die jeweiligen Situationen neu zu bewerten, was es dir ermöglicht, anders an zukünftige Situationen heranzutreten und neue Erfahrungen zu sammeln, die wiederum dein Denken und deine Einstellung prägen. Wie dir das gelingt, erfährst du in Modul 5.

Der Einfluss von Gedanken auf unsere Emotionen und unser Verhalten

Mal angenommen, du wirst befördert und bekommst eine Leitungsfunktion übertragen. Abhängig von deinen Gedanken kann deine Reaktion unterschiedlich ausfallen. Hier beispielhaft zwei von unzähligen Varianten, wie du reagieren kannst:

- **Variante 1:** »Ich habe mich so bemüht und endlich wird meine Leistung gesehen. Ich freue mich so auf alles, was ich bewirken kann!« Deine Reaktion wird entsprechend freudiger Natur sein.
- **Variante 2:** »Oh je, kann ich den Erwartungen, die in der neuen Position an mich gestellt werden, denn überhaupt gerecht werden? Was ist, wenn ich meine Führungskraft oder meine Teammitglieder enttäusche?« Deine Reaktion wird automatisch ängstlicher oder unsicherer Natur sein.

Das Fiese daran: Manchmal bemerken wir diese sabotierenden Gedanken gar nicht bewusst. Sie kommen so blitzschnell, dass wir nur das Gefühl wahrnehmen, das sich auf einmal einstellt: Unzulänglichkeit, Panik, Druck et cetera. Und wir reagieren entsprechend mit vertrauten Bewältigungsmustern, etwa Prokrastination, Perfektionismus oder blindem Aktionismus.

Federleicht-Tipp: In Modul 5 lernst du, deine Gedanken bewusster wahrzunehmen, um so weniger häufig in deine alteingesessenen hinderlichen Denk- und Verhaltensmuster zu verfallen. Außerdem stellen wir dir in Modul 5 ebenfalls hilfreiche Strategien vor, um aus dem Gedankenkarussell und dem Overthinking auszusteigen.

Säule 3: Smart statt hart berufliche Herausforderungen bewältigen

Das Federleicht-Prinzip hilft dir, smart statt hart erfolgreich zu sein. Die Basis dafür ist ein Umgang mit deinen perfektionistischen Tendenzen, um federleicht Grenzen zu setzen, dich solide statt exzessiv vorzubereiten und der Aufschieberitis zu entgehen.

Exzessive und perfekte Vorbereitung

Perfektionistinnen machen sich das Leben unnötig schwer. Sie bereiten sich übertrieben akribisch bis zur Erschöpfung auf eine anstehende Aufgabe vor. Bis spät in die Nacht und wenn es sein muss auch mit einem Wecker, der um 4 Uhr morgens klingelt. Ihr Energieaufwand ist immens und führt über kurz oder lang zu Erschöpfungsphasen. Das Perverse an der Perfektionismusstrategie ist, dass sie weder zufrieden noch glücklich macht, weil die Perfektionistin sich erfolgreich einredet, dass dies jede andere Person mit demselben Arbeitsaufwand geschafft hätte und sie deswegen kein Lob für ihre Leistung verdient.

Dieser unbefriedigende, übermäßige Aufwand hat Konsequenzen: Perfektionistinnen vernachlässigen wegen ihres zeitintensiven Leistungsanspruchs ihr Privatleben. Sie werden isolierter, nehmen sich keine Zeit für gutes Essen, sie schlafen zu wenig und verzichten auf Fitness, also auf einen Ausgleich zum anspruchsvollen Job. Sie haben Schwierigkeiten, sich in ihrer Freizeit von der Arbeit zu distanzieren, denn sie können kaum abschalten.

»Perfektionismus killt die Leichtigkeit«, sagte eine Frau zu mir (Jens), die es im Flugzeugbau zu Erfolgen gebracht hatte. Ich mochte ihr hinsichtlich ihrer verantwortungsvollen Tätigkeit ungern zustimmen und bat sie, doch bitte weiterhin perfektionistisch zu bleiben.

»Ich schätze es sehr, wenn Flugzeugtüren perfekt schließen, der Motor perfekt arbeitet und die Tragflächen perfekt dem Außendruck standhalten. Das gibt mir ein sicheres Gefühl, wenn ich ein Flugzeug betreten muss«, sagte ich.

Sie lachte und versicherte mir, den Perfektionismus als Ingenieurin beizubehalten. Ihr ging es um etwas anderes: Sie verzettelte sich oft im perfektionistischen Klein-Klein, wodurch sie den Überblick über das große Ganze verlor, für das sie verantwortlich war.

Mit ihrem Gespür lag die Ingenieurin richtig, denn »Perfektionismus adelt niemanden, sondern stellt lediglich den verzweifelten Versuch dar, der menschlichen Unvollkommenheit zu entgehen. Dieser Versuch ist nicht nur zum Scheitern verurteilt, sondern erzeugt hohe Kosten: Perfektionisten sind permanent angespannt und verlieren sich im Detail«, findet auch die Psychologin Marion Lemper-Pychlau.[30]

Die drei Gesichter des Perfektionismus

»Der ›deutsche Perfektionismus‹ wird aktuell für die unterschiedlichsten Dinge verantwortlich gemacht. Dafür, dass Deutschland digital hinterherhinkt, dass sich hier Start-ups schwertun oder dass die Geburtenrate niedrig ist, weil Paare auf den perfekten Zeitpunkt warten.«[31] Da überrascht es nicht, dass hierzulande drei Formen des Perfektionismus besonders ausgeprägt sind:

1. Der **soziale Perfektionismus** folgt der Überzeugung, dass Kollegen, Chefs, Freunde oder Angehörige überhöhte Erwartungen an uns haben, die wir erfüllen sollen. Selbst wenn sie ihre Erwartungen nicht explizit formulieren, meinen wir sie zwischen den Zeilen herauszuhören. Das setzt uns unter Druck. Beim sozialen Perfektionismus überinterpretieren wir Gesten und Zwischentöne unseres Gegenübers und machen uns damit Stress.

2. Beim **selbst gerichteten Perfektionismus** stellen wir zu hohe Ansprüche an uns selbst und kritisieren uns, wenn wir diesen nicht gerecht werden. Werden wir den Ansprüchen aber gerecht, kritisieren wir uns, weil unsere Ansprüche zu niedrig waren. Damit kreieren wir eine lupenreine, selbstinszenierte Lose-lose-Situation!

3. Beim **nach außen gerichteten Perfektionismus** stellen wir zu hohe Erwartungen an Kolleginnen, Freunde oder Familienangehörige, um im Anschluss deren Scheitern zu kritisieren. Egal, was wie gut präsentiert wird: Es ginge noch besser. Das Zukunftsprojekt könnte noch visionärer formuliert sein. Oder ganz profan könnte im Privaten das Badezimmer noch sauberer geputzt sein, die Kinder könnten noch besser erzogen und die Frisur noch ansprechender gestylt werden et cetera. Dieser Perfektionismustyp im Beruflichen und Privaten nervt durch seine Anspruchshaltung und sein unerträgliches Korrekturgerede, das dem betroffenen Umfeld auf den Geist geht.

Theoretisch wissen die aufstiegsorientierten Frauen (und Männer), mit denen wir in unseren Beratungsgesprächen in den letzten Jahren gesprochen haben, dass die Abkehr vom Perfektionismus ihr Stresslevel reduzieren würde – und damit auch ihre Selbstzweifel. Doch die Realität sieht bei vielen anders aus. Sie streben trotz aller Gegenargumente nach Perfektionismus, weil sie glauben, sonst nicht gut genug und nicht überzeugend genug zu sein. Ihre Selbstzweifel versuchen viele aus dem Weg zu räumen, indem sie den Anspruch an sich selbst immer höher schrauben. Der Druck, den sie sich dabei machen, erzeugt chronische Stressgefühle und diese fördern Magengeschwüre, Migräne, Herz-Kreislauf-Erkrankungen oder bescheren ihnen Neurodermitis.[32] Damit ist also nicht zu spaßen!

Federleicht-Tipp: Weniger Perfektionismus bedeutet mehr Lebenszufriedenheit und mehr Leichtigkeit. Dabei kann das Modul 1 hilfreich sein! In Modul 2 und 7 lernst du, wie du anderen Grenzen setzt und deine Meinung sagst und so deinem sozialen Perfektionismus ein Schnippchen schlägst.

Delegieren oder ausgenutzt werden

Perfektionistinnen haben ein großes Manko, das sie als Führungskraft disqualifiziert: Sie können und wollen nicht delegieren, weil sie dem Irrglauben erliegen, nur sie könnten die Aufgaben zu 100 Prozent erfüllen, und können daher unter Umständen lange auf die heiß ersehnte Beförderung warten. Denn wer nicht delegieren kann, ist für höhere Positionen denkbar ungeeignet. Die Detailverliebtheit oder gar Detailversessenheit von Perfektionistinnen ist nämlich derart zeitraubend, dass Themen wie Mitarbeitermotivation oder Fragen zur strategischen, weitsichtigen Planung auf der Strecke bleiben. Der Tag einer Perfektionistin hat nun mal auch nur 24 Stunden wie beim Rest der nicht perfekten Menschheit. Daran ist einfach nicht zu rütteln.

»Ich stelle mehr da, als ich eigentlich bin«, verriet mir (Jens) ein CEO, während wir nach einer Veranstaltung in der Sonne saßen und in die Berge schauten. »Ich muss hohe Gelder für neue Digitalisierungsstrategien freigeben, die ich nicht mal im Ansatz verstehe. Ich bin zu dumm für diese neue Welt und muss mich bei meinen Entscheidungen blind auf meine Experten verlassen. Ein Witz, dass ich diese hohe Position besetze! Das lasse ich mir natürlich im Arbeitsalltag nicht anmerken. Da bin ich der Mann, der alles im Überblick hat – und schweigt. Ist besser so ...«

Dieser CEO kann offenbar ganz gut mit seiner selbstkritischen Erkenntnis leben. Und er war immerhin so klug und vorausschauend, Spezialisten um sich zu versammeln, die seine fachlichen Defizite kompensieren können und auf deren Loyalität er sich verlassen kann. Es mag für manche vielleicht überraschend klingen, dass die Experten in seinem Sinne für den gemeinsamen Erfolg handeln, ohne die Unwissenheit des CEO, welche die Fachleute natürlich längst bemerkt haben, im Unternehmen zu streuen. Diese Information hätte die Reputation des CEO zweifellos beschädigt. Daher war sein Credo: Loyale Spezialisten – ein Traum!

Viele Perfektionistinnen haben allerdings kein gutes Gefühl beim Delegieren, weil sie glauben, dass sie sich nur auf sich selbst verlassen können. Sie betrachten es zudem als krasses Defizit, nicht alles selbst zu können und quälen sich mit Aufgaben, die sie überfordern oder ihnen keinerlei Spaß machen. Sie machen sich das Leben unnötig schwer!

Sabine ist Projektleiterin in einem Zulieferbetrieb. Sie hat ihren Job von der Pike auf gelernt. Jetzt trägt sie für 50 Teammitglieder die Verantwortung. Sie weiß, wie es in ihrer Branche auf den unterschiedlichen Ebenen abläuft, denn sie hat sie alle durchlaufen. Dieses Wissen ist aber gleichzeitig ihr Problem, denn sie weiß genau, was ihre Mitarbeiter eigentlich tun müssten. Das tun sie aber nicht!

Als Führungskraft verzweifelt Sabine regelrecht an einigen Teammitgliedern, die nicht die gewünschte Qualität abliefern. »Warum können die nicht präzise arbeiten?«, schimpft sie leise vor sich hin. »Bei denen fehlen immer die letzten 10 Prozent!« Und Sabine hat auch wenig Hoffnung, dass sich dies in Kürze ändern könnte. Ihre Mitarbeiter werden ihren Ansprüchen nicht gerecht, obwohl sie ihnen regelmäßig präzises Feedback gibt. Das kostet viel Zeit, führt aber zu keiner substanziellen Verbesserung. Daher erledigt Sabine kurzerhand die fehlenden 10 Prozent seit zwei Monaten gleich selbst. Das geht schneller und dann weiß sie auch ganz sicher, dass alles stimmt und ihre Chefs begeistert sein werden. Dieses zusätzliche Engagement geht zwar auf Kosten ihrer Freizeit und ihrer Familie, aber das sind ihr die positiven Ergebnisse allemal wert.

Bei Sabines Teammitgliedern kommt das allerdings gar nicht gut an. Sie tuscheln schon auf dem Flur über den überbordenden Perfektionismus der Chefin. Und sie haben deswegen natürlich längst informell kommuniziert, dass es völlig ausreicht, Sabine eine 90-Prozent-Lösung anzubieten. Sie wissen ganz genau, dass ihre Vorgesetzte dann den Rest erledigen wird. Sie lachen sich insgeheim ins Fäustchen, denn gerade diese letzten 10 Prozent machen eine Höllenarbeit. Sabine befreit sie von diesem Aufwand, sodass sie sich am Wochenende entspannt ihren Familien und den Freunden widmen können. Herrlich!

Dieses Team ist schlau! Es entscheidet sich für seine eigene Bequemlichkeit. Es hat durchschaut, dass Sabine in der Perfektionismusfalle steckt, und hat überhaupt kein Problem damit, sie in dieser Falle stecken zu lassen. Denn Sabine handelt nicht wie eine Führungsfrau, sondern wie eine Service-Tussi – auch wenn das hart klingt. Sie ist das Opfer ihres Perfektionismus geworden, der jede Leichtigkeit verhindert, weil er sie zwingt, sich noch mehr Arbeit aufzuladen, die sie eigentlich delegieren sollte.

Man wird ihr diese Überlastung sicherlich in ein paar Monaten ansehen können. Ihre Firma wird erkennen, dass sie als Führungskraft überfordert ist. Man wird sie infrage stellen, weil sie erschöpft wirkt. Irgendwann steht sie vor ihrem Karriere-Aus. Und das nur weil sie den faulen Säcken in ihrem Team keinen Tritt in den Hintern gegeben hat, damit diese ihre Anforderungen auch wirklich umsetzen. Oder fachlicher formuliert: weil sie mit ihnen kein nach Ärger riechendes Feedback-Gespräch geführt hat.

In so einem Feedback-Gespräch erklärt die Chefin höflich, aber bestimmt, dass sich das an den Tag gelegte Verhalten zeitnah ändern muss. Sie gibt der betreffenden Person eine Woche Zeit zum Nachdenken mit dem Auftrag, zwei eigene Verbesserungsvorschläge zu unterbreiten, die dann verbindlich umgesetzt werden. Die Umsetzung checkt sie in einem weiteren Gespräch zwei Wochen später. Fachlich sprechen wir von *Wiedervorlage-Gesprächen*, die erst mit der erfolgreichen Umsetzung enden. Mit dieser Methode könnte auch Sabine den Spieß umdrehen: Nicht sie hat dann am Ende Zusatzarbeit zu leisten, sondern die betroffenen Mitarbeiter haben zu liefern!

Der Federleicht-Zyklus

Der Federleicht-Zyklus durchbricht den Impostor-Zyklus an verschiedenen Stellen. Die unterschiedlichen Denk- und Handlungsweisen im Impostor-Zyklus und im Federleicht-Zyklus möchte ich (Laura) gerne am Beispiel einer Frau verdeutlichen, die ich seit über 30 Jahren kenne. Zufälligerweise tragen wir denselben Namen. Kannst du dir denken, um wen es gehen wird? Richtig: um mich. Vor einiger Zeit wäre für mich der Gedanke, meine Zweifel und Sorgen öffentlich in einem Buch zu teilen, undenkbar gewesen. In meinen Augen wäre das ein Zeichen von Schwäche und Versagen gewesen. Ich hätte mir große Sorgen gemacht, was die Menschen über mich denken. Besonders Kollegen aus meiner Branche. Ob sie mich dann für unprofessionell halten würden. Oder schwach. Oder dumm.

Heute sehe ich es anders. Verletzlichkeit ist menschlich. Man muss nicht immer superstark sein, immer souverän und auf alles eine Antwort wissen. Man muss nicht perfekt sein. Das alles ist nicht notwendig und macht nur jede Menge Stress, da spreche ich aus persönlicher Erfahrung. Gleichzeitig weiß ich, wie heilsam es ist, von anderen zu hören, die sich selbst diesen Druck gemacht haben und wie sie nun anders damit umgehen. Deshalb teile ich meine Gedanken und Erfahrungen mit dir. Vielleicht denkst du jetzt: »Die hat leicht reden. Die ist Psychologin, hat mit 32 einen Ratgeber geschrieben, hat ein eigenes Business. Die hat nun wirklich keinen Grund, an sich zu zweifeln.« Ha, das denkst du! Mein Name war lange Laura Vanessa Selbstzweifel Kellermann. Und auch während des Schreibprozesses hat mein Impostor-Syndrom mehr als einmal an die Tür geklopft, das kannst du mir glauben.

Als ich zusammen mit meinem Co-Autor Jens die Zusage für das Buch bekam, war ich erst völlig aus dem Häuschen. Und dann auch nicht bei irgendeinem Verlag, sondern bei Campus! Davon hatte ich heimlich schon seit meinem Psychologiestudium geträumt und es mir in den buntesten Farben ausgemalt. Doch kurze Zeit später fand ich mich unverhofft im Impostor-Zyklus wieder. Meine Gedanken entwickelten ein Eigenleben: »Oh Mann, was ist, wenn ich dafür nicht genug weiß? Was, wenn das Buch andere Psychologen lesen und sich fragen, was ich da für einen Schrott von mir gebe, sie mich öffentlich ankreiden und ich mich blamiere? Was, wenn mich der Verlag völlig falsch einschätzt? Ja, die haben mein Exposé gelesen und mich nicht völlig blind genommen. Aber was ist, wenn mein Exposé nur zufällig eine Punktlandung war? Ein ganzes Buch ist ja doch eine ganz andere Hausnummer.«

Tools gegen Selbstzweifel, Unsicherheiten und Ängste

Im ersten Moment überkam mich also eine altbekannte Unsicherheit. Und gleichzeitig musste ich auch über mich schmunzeln: Eine Psychologin mit Impostor-Syndrom, die ein Buch darüber schreibt. Einfach zu gut! Das kann ja nur ein Erfolg werden. Vor ein paar Jahren wäre meine innere kritische Stimme – ich habe sie irgendwann Günther getauft – in einem solchen Moment sehr dominant gewesen und hätte so etwas gesagt wie: »Wie willst *du* denn ein Buch schreiben? Offensichtlich hast du es ja nicht im Griff. Wie soll das denn anderen helfen?«

Ich wäre daraufhin ins Overthinking abgedriftet und hätte mir lauter Katastrophen ausgemalt. Und hätte entweder wie eine Verrückte Tag und Nacht an dem Buch gearbeitet – ohne Privatleben versteht sich –, dafür mit intensiven Gesprächen mit Günther, jeder Menge Schweiß, Tränen und Migräne. Oder ich hätte es aufgeschoben, bis drei Wochen vor dem Abgabetermin. Ich hätte bis dahin selbstverständlich jeden einzelnen Tag und jede Nacht darüber nachgedacht, dass ich das Buch noch schreiben muss, und hätte es dann in einer Nacht-und-Nebel-Aktion verfasst. Beides wäre auf seine eigene Art ziemlich anstrengend gewesen.

Zugegeben: Ich habe den Beginn des Schreibens wirklich ein bisschen vor mir hergeschoben. Dieses Muster kenne ich von mir, und es veranlasste in diesem Fall Günther, sich mal wieder zu Wort zu melden. Ich habe es mittlerweile geschafft, ihn weitgehend aus meinem Leben zu verbannen, aber zu besonderen Anlässen – und ein Buchprojekt zählt offenbar eindeutig dazu –, taucht er gerne mal kurzzeitig wieder auf, um seinen Senf dazuzugeben. Ich schob also die ersten Buchkapitel vor mir her und er sagte ein paar unschöne Dinge, ähnlich wie oben angerissen. So ein Charmeur aber auch!

Doch ich stieg anders als früher nicht ins altbekannte Drama ein, sondern tat Folgendes: Ich atmete tief durch und rief meine mitfühlende und ermutigende Stimme auf den Plan. Meine innere Feelgood-Managerin, die immer ein paar bestärkende Worte für mich hat und stets auf mich achtet: »Laura, weder operierst du am offenen Herzen noch willst du einen Nobelpreis kriegen. Es ist ein Buch. Nur ein Buch. Mach einfach einen Schritt nach dem anderen.« Ich nahm sie beim Wort und ging erst mal laufen. Joggen hilft mir nämlich wunderbar dabei, Stress abzubauen und wieder klarzukommen. Danach setzte ich mich mit Günthers Kommentaren auseinander und hinterfragte meine Selbstzweifel. Hier ein paar Beispiele:

- »Was, wenn ich dafür nicht genug weiß?« Wenn es für einen sehr guten Master in klinischer Psychologie gereicht hat und für meine Kundinnen, die ich seither erfolgreich beraten und betreut habe, wird es auch für dieses Buch reichen. Und was heißt denn überhaupt »nicht genug wissen«?

- »Was, wenn ich einem gut getarnten Dunning-Kruger-Effekt unterliege, mir also einrede, dass ich ein Impostor-Syndrom habe, weil das ja nur kluge und kompetente Menschen haben, und ich eigentlich wirklich komplett inkompetent bin und es einfach nicht sehe?« Bei diesem absurden Gedanken musste ich wirklich herzhaft über mich selbst lachen.

- »Was, wenn das Buch andere Psychologen lesen und sich fragen, was ich da für einen Schrott von mir gebe, sie mich öffentlich ankreiden und ich mich blamiere?« Wenn sie sonst nichts Besseres zu tun haben, bitte. Ein beliebter Satz lautet nicht ohne Grund: »Die Experten sind sich uneinig.« Wer sich mal die Rezensionen von Büchern bei Amazon durchgelesen hat, weiß: Ein gutes Buch ruft automatisch auch Kritiker auf den Plan. Nebenbei bemerkt ist es nahezu unmöglich, rund 220 Seiten Schrott zu schreiben, ohne dass das Lektorat es mitkriegt und verhindert. Ich steckte eindeutig in Schwarz-weiß-Denken vom Feinsten: entweder *Spiegel*-Bestseller oder totale Blamage. Und ich riet mir: »Laura, überleg mal lieber, was wirklich realistisch ist.«

Veränderter Umgang mit Herausforderungen

Ich stellte fest, dass ich überfordert war von der Größe des Projekts. Ich wusste gar nicht, wo ich anfangen sollte und was genau von mir erwartet wurde. Diese Kombination hatte zu meiner anfänglichen Prokrastination geführt. Mir fehlte die nötige Klarheit, um fokussiert an dem Projekt zu arbeiten und mich nicht zu verzetteln. Was also tun?

Früher wäre ich wie ein kopfloses Huhn losgestürmt. Ich hätte selbstverständlich von mir erwartet, dass ich das auf Anhieb alleine hinkriege. Einen Ratgeber zu schreiben, sollte schließlich kein Problem sein. Bestimmt gibt es auch Menschen, denen das gelingt. Ich zähle aber nicht dazu und hatte erst einmal jede Menge Fragen. Das ist für mich persönlich inzwischen total okay. Früher wäre es für mich direkt ein klarer Beweis für meine Inkompetenz gewesen.

Stattdessen rief ich meinen Co-Autor an: »Jens, du hast ja schon ein bisschen mehr Erfahrung, was das Fabrizieren von Büchern anbelangt. Wie gehe ich das am besten an?« Der Austausch, die Tipps und das Offenlegen meiner Zweifel hat sie schnell verpuffen lassen. Das tat ich übrigens nicht nur einmal. Immer wenn ich merkte, dass es stockte oder ich unruhig wurde, schaute ich genauer hin. Was war da gerade los? Welche Befürchtungen und Sorgen raubten mir die Leichtigkeit? Ich ging auf Spurensuche und dann löste ich sie auf. Ich sprach mit dem Verlag, mit Jens, ging eine Runde laufen oder zog mich in die Selbstreflexion zurück. Außerdem befolgte ich sämtliche – und ich meine wirklich sämtliche! – Schritte aus Modul 15 zum besseren Umgang mit Prokrastination. Ich klärte Erwartungen, konkretisierte meine Aufgaben, arbeitete im Co-Working mit meinem Mann und sorgte immer wieder für Klarheit.

Anfänglich hatte ich unrealistische Vorstellungen, wie viel Text ich in wie viel Zeit schaffen konnte. Daher beobachtete ich mich genauer: Zu welcher Zeit war ich besonders produktiv? Wie lange konnte ich konzentriert arbeiten? Und so weiter. Ich arbeitete einen Rhythmus inklusive massig Puffer heraus, den ich gut durchhalten konnte. Wie bei einem Marathon eben.

Gleichzeitig lief mein Daily Business weiter und ich sorgte für genügend Pausen und Tapetenwechsel. Bei Spaziergängen mit meinem Hund Baloo, Abendessen mit Freundinnen oder einer Runde Joggen, um den Kopf freizukriegen. Genau diese Auszeiten sorgten dafür, dass ich weiterhin konzentriert am Ball bleiben konnte. Natürlich gab es auch immer wieder Verlockungen, was weitere Projekte anbelangte, aber in dem Punkt war ich rigoros: Das Buchprojekt reicht. Eins nach dem anderen. Das Wörtchen Nein war mein ständiger Begleiter.

Reaktionen nach erfolgreicher Umsetzung

Nachdem das Manuskript fertig war, schickte ich es dem Verlag. Jens und ich hatten unsere Teile jeweils gegengelesen und für gut befunden. Im ersten Moment war ich einfach nur erleichtert und happy, das Projekt loszulassen und durchzuatmen. Mir wurde bewusst, dass ich über mehrere Monate an diesem Buch gesessen, nebenbei mein Daily Business geführt und das alles während einer Pandemie auf die Reihe gekriegt hatte. Ein Grund zum Feiern und – das ist mein persönliches Ritual – durch die Wohnung tanzen! Gleichzeitig wusste ich: Das wird ein

Bumerang. Denn das Lektorat würde das Manuskript überarbeiten und mit jeder Menge Anmerkungen zurücksenden. Selbstverständlich war ich deshalb aufgeregt.

Dann war der Tag da. Und ich kann nur sagen: Es lohnt sich, ein Faible für die Farbe Rot zu haben. Früher hätten mich die vielen Anmerkungen, Änderungswünsche und Fragen völlig aus der Bahn geworfen. Und glaub mir, davon gab es einige. Ich gebe zu, kurzzeitig habe ich mir überlegt, Günther einen neuen Namen zu geben. Aber ich bin in der Lage, Kritik, die mich entwickeln will, zu erkennen und für mich zu nutzen. Ich sehe sie nicht als Problem an, sondern als Chance. Denn ich bin inzwischen davon überzeugt: Ich kann und weiß genug. Ich bin gut genug. Die Basis stimmt. Und ich kann wunderbar darauf aufbauen.

Früher wären die Änderungswünsche für mich der endgültige Beweis gewesen, eine komplette Null zu sein. Klares Denken und Überarbeiten wären nur schwer möglich gewesen. Geschweige denn mich daran zu erfreuen, wie ich es in diesem Fall tat, dass sich ein hochkompetentes Team meinen Texten widmet und mit mir gemeinsam weiter daran feilt. Doch ich habe inzwischen die Einstellung, dass ich nicht alles auf Anhieb perfekt beherrschen muss und es dennoch super werden kann. Ich habe vorher noch nie im Leben ein Buch geschrieben: Woher soll ich wissen, wie das geht? Daher nehme ich mir die Zeit, hineinzuwachsen, gebe mein Bestes, wachse an Fehlern und Kritik und lerne von den Besten. Nicht mehr und nicht weniger.

Federleicht-Tipp: Es gibt verschiedene Stellen, an denen du den Impostor-Zyklus durchbrechen kannst. Du musst nicht alle auf einmal angehen. Wichtig ist vor allen Dingen, dass dir auffällt, wenn du dich in deinen Selbstzweifeln zu verlieren drohst, und dass du dann passende Gegenmaßnahmen ergreifst. Such dir dazu die passenden Module in Teil 2 entsprechend aus und arbeite an dir und deinem Mindset. So kommst du Schritt für Schritt deinem federleichten Leben näher!

5
Sanfter Einstieg in die positive Veränderung

Die meisten Gewohnheiten geben unserem Leben Sicherheit: das Morgenritual mit frischem Kaffee und den neuesten Nachrichten auf dem Tablet, die erfrischende Dusche, die Wahl der Kleidung. Gewohnheiten lassen uns automatisiert durch den Alltag schweben. Das ist ungeheuer entspannend. Wenn wir aber Veränderung anstreben, sind Gewohnheiten eine Katastrophe, denn sie sollen schließlich garantieren, dass alles immer gleich bleibt und stets nach Schema F verläuft.

Selbstzweiflerinnen lieben ihre fest eingespielten Vermeidungsstrategien, weil sie hinter jeder Veränderung etwas Gefährliches sehen, selbst wenn diese Veränderung zu einer Verbesserung führen könnte. Sie bleiben lieber in ihrer Komfortzone. »Das ist die Welt, in der sich unser Jammerlappen so richtig wohl fühlt. Seine Sicherheitszone ist quadratisch, praktisch, gut. Vielleicht ein wenig eintönig, dafür aber überschaubar. Da weiß man, was man hat.«[33] Doch wenn du dich verändern willst, musst du diese Sicherheitszone verlassen. Dabei geht es gar nicht um riesige Veränderungen deiner Persönlichkeit. Es reicht die Konzentration auf das Wesentliche – du musst an den entscheidenden Stellschrauben drehen, um auf die federleichte Spur zu kommen. Selbst kleine Veränderungen können dann einen riesigen Nutzen bringen.

Ich (Jens) habe es in einem Coaching erlebt: Nur eine einzige Frage der systemischen Beraterin änderte mein Mindset und löste die Sorge, die mich ins Coaching getrieben hatte. Sie stellte mein Gewohnheitsdenken und meinen Autopilotmodus infrage und eröffnete mir damit völlig neue Perspektiven. Die Beantwortung dieser Frage ließ mein Problem wie Schnee schmelzen. Ich fühlte mich befreit und erleichtert!

Da ich nicht zum öffentlichen Seelen-Striptease neige, möchte ich das Problem hier nicht weiter präzisieren. Aber es war wie eine Offenbarung: Mein Gestotter und meine Verwirrung lösten sich in Luft auf!

Federleicht-Tipp: Wenn du deine Selbstzweifel auflösen oder deine Jobunzufriedenheit hinter dir lassen möchtest, musst du auf so manche liebgewonnenen Gewohnheiten und Leitsätze verzichten, um Platz für Neues zu schaffen. Du musst ausmisten! Aber so viel sei jetzt schon verraten: Es geht um die Veränderung dysfunktionaler Denkmuster und verzerrter Wahrnehmungen. Es geht um eine positivere Selbstwahrnehmung und um eine Veränderung deines Arbeitsstils. Du musst lernen, deine Erfolge und Leistungen zu würdigen und in den Mittelpunkt zu stellen. Es gibt einige Baustellen, die du individuell angehen kannst.

Positiver Blick in die Zukunft

Berufliche Zufriedenheit gelingt dir, wenn du ein positives Mindset mit einer klaren Vorstellung hast, wo deine Ziele liegen und wie du sie erreichen kannst. Eine positive Fokussierung gibt dir Kraft und lässt Kritik an dir abperlen. Positive Zukunftsfantasien ermutigen dich, dein besseres Leben proaktiv anzustreben: »Hope the best and care for the rest!«

Hoffnung und Wunschdenken alleine reichen aber nicht aus, du musst dich um das Wesentliche kümmern, damit dein Traum wahr wird. Die Psychologen Lien Pham und Shelly Taylor haben dieses Phänomen mit einem Gruppenexperiment eindrucksvoll belegt:[34] Die erste Gruppe mit Prüfungsteilnehmerinnen wurde aufgefordert, jeden Tag vor der Prüfung den baldigen erfolgreichen Prüfungsabschluss zu visualisieren. Sie sollten sich ihren absehbaren Erfolg ganz plastisch vorstellen. »Hope the best« war ihr Motto. Mit der Kontrollgruppe wurde nichts gemacht. Sie bekam kein Mentaltraining und schon gar keine positive Ermutigung für die bevorstehende Prüfung.

Der Vergleich der Prüfungsergebnisse beider Gruppen verblüfft nur auf den ersten Blick: Die Gruppe der Erfolgsmotivierten schloss mit deutlich schlechteren Prüfungsergebnissen ab. Warum? Ganz einfach: Die Teilnehmerinnen waren durch ihr mentales Training so trügerisch erfolgssicher geworden, dass sie sich schlichtweg weniger vorbereitet hatten. Sie hatten auf »care for the rest« verzichtet und weniger gelernt. Sie hatten ja ihren Abschluss durch die Visualisierungen gefühlt so gut wie in der Tasche. Die Kontrollgruppe hatte den Erfolg nicht vor Augen und investierte daher deutlich mehr Zeit in die Prüfungsvorbereitung. Diese Leistung (»care for the rest«) wurde mit den besseren Abschlüssen belohnt.

Eine ähnliche Erfahrung machte ich (Jens) auch mit einer hoffnungsvollen Nachwuchsakademikerin, die eine Woche vor den Klausuren in meine Sprechstunde kam.

»Na, wie geht's Ihnen vor der Klausur?«, fragte ich.

»Hab ein super Gefühl«, antwortete sie.

»Haben Sie denn viel gelernt?«, hakte ich nach.

»Nee«, sagte sie. »Ich hab ja dieses super Gefühl!«

Ihre Klausur endete mit einer kristallklaren Note 5. Dagegen legte sie Widerspruch ein, weil ich die Schönheit ihrer Argumente nicht erkannt hätte. Der Widerspruchsgutachter erkannte die Schönheit jedoch auch nicht, und so blieb es bei der Note. Trotz der Note 5 ist diese Studentin ein klasse Typ. Pfiffig, engagiert, tolles Auftreten. Bei ihr stimmt eigentlich alles – nur die fachlichen Kompetenzen fehlen noch. Aber das macht nichts, denn diese werden wir ihr bis zum Bachelor-Abschluss noch vermitteln. Da habe ich ein super Gefühl!

Positive Zukunftsaussichten hellen unsere Stimmung auf, wenn wir sie mit Leistung unterfüttern – sonst wird das nichts. Die Psychologieprofessorin Gabriele Oettingen nennt dieses Phänomen »die schlechte Seite des positiven Denkens«.[35] Für sie sind positive Fantasien ohne Anstrengungen ein Handicap, weil sie zu Enttäuschungen in der Zukunft führen: »Positive Zukunftsfantasien verleiten dazu, dass Leute den Eindruck haben, sie seien schon angekommen. Sie fühlten sich weniger energetisiert und über den systolischen Blutdruck konnten wir messen, dass sie sich tatsächlich entspannten«, anstatt tatkräftig zu neuen Ufern aufzubrechen.[36]

Dream big, think big

Großes entsteht erst im Kopf, bevor es zur Realität werden kann. Natürlich wird nicht alles, was du groß denkst, auch Wirklichkeit, aber wenn du gar nicht träumst, wird garantiert nichts realisiert! Produktive Realitätsverarbeiterinnen erkennen die Momente, in denen sich Gelegenheiten bieten: interessante Jobangebote, Mentoren, die verschlossene Türen öffnen, Netzwerke, die uns auf innovative Chancen hinweisen. Der Managementcoach Peter Kreuz fasst diese Erkenntnis so zusammen: »Diese wache und nüchterne Geisteshaltung ist mir sehr sympathisch! Vor allem, weil sie viel sicherer zum Ziel führt als bunte Träume, feierliche Wünsche und eiserne Willenskraft.«[37] Auch wir empfehlen dir, Schritt für Schritt vorzugehen und sich bietende Chancen zur Veränderung zu nutzen. Unser Gehirn ist für diesen Entwicklungsprozess wie geschaffen. Der Neurobiologe und Vorstand der Akademie für Potenzialentfaltung Gerald Hüther bestätigt, dass unser Gehirn zeitlebens veränderbar ist.[38]

Dennoch gilt: Nur das, was du heute träumen kannst, kannst du in der Zukunft realisieren. Du hast sowohl das Potenzial, groß zu träumen, als auch die kleine Gelegenheit beim Schopf zu packen. Das klappt allerdings nur, wenn du es willst, denn deine Festplatte im Gehirn kannst nur du allein umprogrammieren!

Christina erwartet grundsätzlich, dass ein Parkplatz vor ihrem Lieblingsrestaurant frei wird, wenn sie dort ankommt. Sie ist Prokuristin in einem Familienbetrieb und im Berufsalltag sehr von Fakten geleitet. Doch wenn es um Parkplätze geht, ist damit Schluss. Je intensiver sie den freien Platz vor ihrem inneren Auge visualisiert, desto höher liegt ihre Erfolgsquote – sagt sie zumindest. Ihr ist egal, was andere über ihren Spleen sagen, Christina ist felsenfest überzeugt, dass sie diesen Einfluss hat. Deswegen wendet sie ihre Omnipotenzfantasien auch an, wenn es um weitere Aufträge für den Betrieb geht (das hat auch schon funktioniert) oder wenn der Zug ein paar Minuten später abfahren soll, weil sie arg knapp dran ist (das klappt hingegen eher selten).

Es ist völlig egal, wie häufig ihre Visualisierungen zum Erfolg führen. Entscheidend ist, dass Christina den Mut hat, sie anzuwenden, und voller Hoffnung an die Sache herangeht. Mit einem guten Gefühl, selbstironischer Leichtigkeit und einem Augenzwinkern!

Federleicht-Tipp: Entwickle Freude an Omnipotenzfantasien, indem du einfach Dinge vom Leben erwartest, die dir guttun und dir Freude bereiten würden. Völlig egal, ob sie realistisch erscheinen oder nicht.

Hartnäckige Denk- und Verhaltensmuster

Natürlich lässt nicht jeder positive Zukunftsgedanke deine Selbstzweifel schrumpfen, denn diese lassen sich nur ungern verscheuchen. Um etwas zu verändern, brauchst du intrinsische Motivation, denn »durch Wollen allein bekommt man kein neues Mindset. Wenn du beispielsweise bisher der Überzeugung warst, dass nur Schinderei und Druck zum beruflichen Erfolg führen, dann wirst du nicht auf Anhieb entspannt sein wollen, denn das verhindert in dieser Denke deinen Erfolg. Entspannung erscheint dir eher absurd und passt einfach nicht zu deinem Mindset. Ein inneres Umprogrammieren kann daher nur dann gelingen, wenn es etwas Neues gibt, das attraktiver ist als das alte Programm, [...] wenn wir also davon überzeugt sind, dass es uns dann glücklicher macht«.[39]

Dieser Denkansatz interessiert sich herzlich wenig für die unbewussten Prozesse im Inneren, sondern er setzt darauf, dass produktive Realitätsverarbeiterinnen bewusste Entscheidungen für eine bessere Zukunft mit weniger Selbstzweifeln treffen können. Und dass sie in der Lage sind, das auch umzusetzen. Sie sind demnach keine Opfer unbewusster Prozesse, sondern Macherinnen, die etwas umbauen. Doch dieser Umbau nimmt Zeit in Anspruch, denn sie haben schlechte Überzeugungen nicht grundlos in ihr Hirn eingebaut. Sie haben sich etwas davon versprochen.

»Ich bin zu dumm für das Studium!«, klagte eine meiner Studentinnen im Beratungsgespräch.

»Sie sind aber doch zum Studium zugelassen worden«, erwiderte ich (Jens). »Sie sind bereits im dritten Semester und haben einen Notendurchschnitt von 2,0. Das sieht doch richtig gut aus!«

»Ja, Herr Weidner, aber das ist doch nur eine Momentaufnahme. Die Klausuren waren ja leicht und meine Dozenten bewerten mich viel zu gut. Das dicke Ende kommt erst noch …«

Die Studentin gab mir keine Chance, ihre Selbstzweifel zu pulverisieren. Sie war die Erste, die in ihrer Familie ein Studium aufgenommen hatte. Eltern, Geschwister, Verwandte betrachteten ihren Versuch skeptisch. Warum konnte sie nicht so sein wie alle anderen und eine ordentliche Lehre machen? So schlau war sie ja nun auch nicht.

Diese Botschaften aus dem familiären Umfeld reichten aus, um sie davon zu überzeugen, dass ihre guten Leistungen nicht an ihr persönlich lagen. Nicht an den regelmäßigen Seminarbesuchen, nicht am Studium der Fachliteratur oder am Pauken vor den Klausuren. Ihre Selbstzweifel hatte sie quasi mit der Muttermilch aufgesogen: »Fürs Studium reicht's bei dir nicht, Kind.«

Aber ihre Mutter lag komplett falsch – mir war das sofort klar, der Studentin noch nicht. Die Studienerfolge waren allein ihr Verdienst, denn diese junge Frau war konzentriert, fleißig und schlau. Aber ich hatte ja noch fünf Semester Zeit, um ihre Selbstzweifel zu zerstreuen, und ich wusste, dass mir das letztlich gelingen würde. Ihre Larmoyanz hatte keine Chance gegen mein Lob-Dauerfeuer und die Anhäufung ihrer Credit-Points. Allmählich lösten sich ihre Selbstzweifel in Luft auf.

Federleicht-Tipp: Selbstkritische Glaubenssätze lassen sich nicht »mal eben« verändern. Man kann nicht auf einen Knopf drücken, um dann zu hoffen, alles wird fein. Denn Selbstzweifel haben viel Zeit, um in dir zu wachsen Du brauchst also Ausdauer und liebevolle Geduld, um sie loszuwerden, wie es dir im Modul 3 empfohlen wird. Viele Selbstzweifel sind ja bereits in deiner Kindheit gesät worden.

Ressourcenorientierte Fragen

Als Vorbereitung auf deine schrittweise Veränderung solltest du einen positiven Zugang wählen und darüber nachdenken, was du in deinem jetzigen Leben beibehalten möchtest, weil es dir gefällt. Das Gute willst du schließlich bewahren! Der Mentalcoach Mathias Fischedick nennt diese Analyse die Konzentration auf die »ressourcenorientierten Fragen«:[40]

Reflexion: Um deinen persönlichen Erfolg zu generieren, brauchst du ein Bild von dir und deinem Leben in deinem Kopf.

- Was für ein Typ könntest du sein, wenn es richtig gut für dich laufen würde?
- Was sind deine Stärken?
- Wofür wirst du geschätzt?
- Wofür bist du dankbar?
- Was macht dich glücklich?
- Was sollte bleiben, wie es ist?
- Was sollte sich in Zukunft unbedingt ändern?
- Worauf bist du stolz?
- Was würdest du einer anderen Person in deiner jetzigen Situation empfehlen?

Deine Antworten bilden das Fundament, auf dem du aufbauen kannst.

Positive selektive Wahrnehmung

Eine positive selektive Wahrnehmung hat nichts mit einer naiv-rosaroten Sicht auf die Welt zu tun. Sie hat auch nichts mit einer narzisstischen Selbstwahrnehmung zu tun. Die positive selektive Wahrnehmung stärkt deine Selbstachtung und dein Selbstvertrauen. Wenn du dir selbst etwas zutraust, dann trauen dir die anderen auch etwas zu, denn »nichts ist bedeutsamer für unser Leben, als die Art, wie wir über uns denken«![41]

»Das Gehirn läuft mit einem ausgetüftelten Energiesparprogramm [...] und findet die Informationen zugreifenswert, die oben aufliegen.«[42] Daher verwundert es nicht, wenn eine Justizpsychologin, die täglich Strafgefangene begutachtet, überall nur noch Kriminelle zu sehen glaubt, selbst in der Fußgängerzone oder beim Eisessen. Eine Hundebesitzerin entdeckt überall Frauchen und Herrchen und eine Schwangere nimmt eine Welt voller Kinderwagen wahr. Da ich (Jens) gerade den Kauf eines neuen kleinen Sportwagens plane, sehe ich nur noch solche Flitzer im Straßenverkehr und entdecke etwas neidvoll die Elektro-Super-Racer, die ich mir (noch) nicht leisten kann.

Es hängt von unserem Fokus ab, welchen Bildern wir selektiv eine besondere Bedeutung beimessen. Unser positives oder unser Katastrophendenken wird demnach durch die Bilder geprägt, mit denen wir unseren Kopf füttern. Und das sind viele! Alle 6 Sekunden sehen wir im Durchschnitt ein neues Bild. Pro Stunde sind das 600 Bilder, pro Tag kommen wir auf 9 000 Bilder. Das sind 63 000 Bilder pro Woche, 252 000 pro Monat und 3 000 000 Bilder pro Jahr![43] Wir empfehlen daher, auf eine Auswahl positiver Bilder zu achten. Für Netflix und Sky-Fans heißt das: Besser Komödien auswählen als Dramen!

6
Eine ordentliche Portion Selbstvertrauen

Selbstzweifel sind kein Drama, denn das Gefühl der anfänglichen Überforderung bei neuen Aufgaben ist völlig normal. Es ist also objektiv betrachtet nichts Schlimmes, fühlt sich aber subjektiv oftmals einfach nur grässlich an, so wie Lampenfieber. Aber solltest du aufgrund leiser Zweifel oder ein bisschen Nervosität tolle Ideen oder gar eine erfolgreiche Karriere in die Tonne treten? Auf gar keinen Fall! Vertraue stattdessen auf dich selbst und deine Fähigkeiten.

Mit 33 Jahren bewarb ich (Jens) mich auf mehrere Professuren. Das war viel zu früh, aber ich war promoviert, schrieb Fachartikel über Gewalttäter, hielt Vorträge und erfüllte damit zumindest einige Kriterien des professoralen Anforderungsprofils. Die Bewerbungen waren ein Versuchsballon, um Erfahrungen zu sammeln, um dann, vielleicht mit 40 Jahren, wirklich berufen zu werden. Als Vierzigjähriger – so meine damalige Überzeugung – hätte ich die Reife, so einem Ruf gerecht zu werden. Nicht früher. Das wäre aus meiner Sicht Hochstapelei. Ein mir nicht wohlgesonnener Professor bestärkte diese Selbstzweifel: Ich hätte zu wenig Ahnung und zudem die falsche theoretische Ausrichtung. Den Namen dieses Demotivators habe ich nie vergessen. Ich bin heute noch verblüfft darüber, dass ich trotz seiner finsteren Prognose damals den Mut fand, meine Bewerbungen abzuschicken.

Die Zusage kam für mich dennoch überraschend. Ich war geradezu fassungslos, aber gleichzeitig total begeistert. Doch da waren diese großen Zweifel, die weiter an mir nagten: Hatte der kritische Professor womöglich doch recht? Meinem damaligen Mentor – den hatte ich Gott sei Dank auch! – sagte ich daher, ich würde die Professur nicht annehmen. Diese Schuhe wären noch zu groß für mich. Ich würde es mit 40 erneut versuchen. Er lachte nur und fragte, ob ich sonst noch Probleme hätte und ob ich ernsthaft glaubte, dass sich mir so eine Chance noch einmal bieten würde. *So* toll sei ich nun auch wieder nicht. Möglicherweise läge ja eine Verwechslung vor? Er wollte mich also mit einer Art paradoxer Intervention motivieren, das Ganze durchzuziehen. Und das tat ich dann auch – doch die Nervosität blieb.

Kurz vor Dienstantritt saß ich dann auf einer Holzbank an der Nordsee und blickte aufs Meer. Die Sonne schien. Das Panorama war beeindruckend schön, aber mir ging es schlecht. Sehr schlecht sogar. Mir war kotzübel. Zwei Mal musste ich mich übergeben, weil mir in diesem Moment bewusst wurde, dass ich ein ganz übler Hochstapler sein musste. Ein smarter Typ, dem es irgendwie gelungen war, im Berufungsverfahren die professorale Rolle überzeugend zu spielen. Ein akademischer Schauspieler ohne Substanz, ohne wirkliche Inhalte. Der mit Namedropping und klug gesetzten Zitaten brillanter Theoretiker irgendwie hatte Eindruck schinden können. Einfach zum Kotzen!

Ich würde unweigerlich auffliegen, ganz klare Sache. Es schien in meinen Augen nur eine Frage der Zeit zu sein, bis im Fakultätsrat ein erfahrener Kollege aufstehen und langsam mit dem Finger auf mich zeigen würde, um dann allen Anwesenden mitzuteilen: »Das ist Jens Weidner. Er ist kein Professor. Er ist ein Blender und eine Enttäuschung für die gesamte Universität.« Ich war mit den Nerven am Ende und musste mehrere Tage krank im Bett verbringen. Meinen Dienstantritt musste ich deswegen aber zum Glück nicht verschieben. Pünktlich zum Start war ich wieder fit.

Damals wusste ich nicht, was ich heute weiß: Ich steckte mitten im Impostor-Zyklus! Was ich damals ebenfalls noch nicht wusste: Das Hochstapler-Syndrom kann überwunden werden!

Der Psychologe Richard Gardner von der University of Nevada nennt dieses Phänomen »slip through the crack«, also die Angst vor dem Absturz durchs berufliche Netz, weil man das Gefühl hat, ein Betrüger zu sein, dessen Karriere auf falschen Angaben basiert.[44] Dieses Denken betrifft besonders die »high-achieving, successful people«[45], und wir glauben, dass viele hochqualifizierte Frauen zu dieser Gruppe zählen: Frauen, die unter enormem Leistungsdruck stehen und deren Berufe eine besonders souveräne Erscheinung verlangen. Diese Leistungsträgerinnen sind anfällig für das Gefühl von mehr Schein als Sein. Dazu zählen Ärzte, Richterinnen, Professorinnen, Führungskräfte, Aufstiegswillige, Ambitionierte, aber auch Schauspielerinnen.

»Ich plappere nur nach, was andere mir ins Drehbuch schreiben. Ich bin zu doof, etwas selbstständig zu formulieren, und zu einflusslos, als dass es irgendeinen Produzenten interessieren würde. Mein Beruf ist ein Trauerspiel und der Hype um meine öffentliche Person ist ein Witz, ein Irrtum, eine völlige Überschätzung!« Es war eine erfolgreiche Schauspielerin, die ich (Jens) einst bei einem Event traf und die im Laufe unseres Gesprächs dieses Impostor-Geständnis machte.

Solche Selbstzweifel sind auch der Schauspielerin Daisy Ridley vertraut, die es mit *Star Wars* zu Weltruhm brachte, was ihr nach eigenen Aussagen dermaßen zusetzte, dass sie Löcher in der Magenschleimhaut bekam. Sie beschrieb es in einem Interview so: »Ich hatte bis dahin nie etwas in der Dimension von Star Wars gemacht [...] Ich habe mich dann da reinsaugen lassen [...] Ich war zeitweise verängstigt und überfordert [...] Bis ich irgendwann merkte: Ich hatte die Kontrolle über mich verloren. Dann begann ich die Therapie [...] Heute versuche ich sicherzustellen, dass ich zu meinen eigenen Erfahrungen stehe.«[46]

Federleicht-Tipp: Du solltest zu deinen Erfahrungen stehen und an ihnen wachsen. Du solltest deine Ecken und Kanten sowie vermeintliche Makel und Schwächen akzeptieren lernen und deine einzigartige Persönlichkeit feiern, statt dein Licht weiterhin unter den Scheffel zu stellen. Wie du diese Baustellen angehen kannst, erfährst du in Modul 12 und 14.

Karrierekiller falsche Bescheidenheit

In unseren Augen ist es ein krasser Sozialisationsfehler, dass die rigorose Erziehung von kleinen Mädchen und jungen Frauen zur Bescheidenheit nach wie vor hoch im Kurs steht. Falsche Bescheidenheit ist nämlich ein absoluter Karrierekiller! Wer stets bescheiden und damit verschwiegen bleibt und niemandem seine guten Seiten verrät, wird zum Opfer des *Froschköniginnen-Syndroms*. Die Rede ist von jenen Frauen, die inständig hoffen, dass andere ohne ihr Zutun ihre Qualitäten erkennen und sie endlich wachküssen.

Das ist zum einen total unrealistisch und zum anderen eine faule, weil passive Einstellung. Die anderen denken nicht: »Wie angenehm bescheiden diese junge Frau ist. Sie gibt gar nichts von ihren vermutlich ganz tollen Qualitäten preis. Die sollten wir unbedingt fördern!« Niemand denkt so! Viel wahrscheinlicher sind folgende Gedankengänge und Schlussfolgerungen: »Die tut nichts. Die sagt nichts. Die bekommt ihren Hintern nicht hoch. Wir wissen gar nicht, woran wir bei der sind. Wir kaufen bestimmt nicht die Katze im Sack!«

Damit haben Froschköniginnen in jeder Wettbewerbssituation das Nachsehen. Sie legen durch ihre abwartende Haltung das Urteil über ihre Person gänzlich in fremde Hände. Denn natürlich wird über sie geredet, nur eben nicht das, was sie sich vermutlich wünschen würden und schon gar nicht über all das Positive, was sie zu bieten hätten. Denn davon wissen die anderen ja gar nichts. Aus diesem Grund spekulieren sie wild drauflos und lassen unter Umständen auch ihren Vorurteilen freien Lauf:

- »Die ist so attraktiv, die will sich bestimmt einen reichen Manager angeln.«
- »Die ist so blond, vermutlich ein Dummchen.«
- »Die ist bestimmt eine totale Streberin und Besserwisserin.«

Diese Liste ließe sich unendlich fortsetzen.

Selbstzweifel sind eine Verschwendung unserer geistigen Energie, unserer Kreativität und Produktivität! Selbstzweifel drosseln unsere Power. Das Hochstapler-Syndrom ist ein Großmeister darin, unser innovatives Denken im Keim zu ersticken. Es verhindert, dass wir stolz auf unsere Ideen sind. Es verhindert die Vorfreude auf unsere schöne und erfolgreiche Zukunft. Es bringt uns dazu, gute Einfälle zu verschweigen und das Feld den Großmäulern und Blendern zu überlassen.

Großmäuler und Blender haben übrigens das umgekehrte Problem: Sie malen in kompletter Selbstüberschätzung ihre unausgereiften Ideen rosarot an, blasen sie per Megafon in die Welt hinaus und haben mit ihren gekonnten bis bizarren Show-Auftritten auch noch Anfangserfolge. Zumindest auf den ersten Blick, denn mit der Zeit erkennen viele im Großmaul-Umfeld, dass hier nur heiße Luft produziert wird.

Stolz als Gegengewicht zu Selbstzweifeln

Wir sind alle nur Menschen und damit weit entfernt von einer Maschine, die wie geschmiert läuft. Das Verrückte ist, dass viele Angst haben, in ihrer natürlichen Begrenztheit geoutet zu werden – und das von anderen Menschen, die ebenfalls nicht perfekt sind und ihre eigenen Selbstzweifel haben. Wir haben also Angst, dass unser Umfeld erkennt, dass wir nicht perfekt sind. Ein Irrsinn! »Wir fühlen uns verfolgt vom Schreckgespenst der Demaskierung. Aber wir sprechen über all das nicht, wir lassen uns nichts anmerken, denn wir finden es peinlich so schwach zu sein [...] Erfolg ist Kopfsache. Es lohnt sich deshalb dem Selbstvertrauen höchste Priorität einzuräumen«, sagt auch die Psychologin und Expertin für Arbeitsfreude Marion Lemper-Pychlau.[47]

Dieses Verhalten kommt aber nicht von ungefähr, es hat Gründe und tiefreichende Wurzeln. Vielleicht hat man dir schon in der Kindheit eingeredet, dass Eigenlob stinkt oder dass Hochmut vor dem Fall kommt. Es gibt viele mahnende, oftmals geflügelte Worte, die wir im Laufe unserer Sozialisation um die Ohren gehauen bekommen, sodass wir brav, lieb und gefügig bleiben. Aber das ist aus der Zeit gefallen! Ist dir klar, warum das so ist? Weil viele alles dafür tun, um ein dickes Lob zu erhalten, dieses kleine Zuckerstückchen, das sie glücklich macht.

Selbstzweifel bringen uns in eine toxische Abhängigkeit von unserem Umfeld. Wir brauchen dessen Resonanz, dessen Lob und Bestätigung, um unsere Seele mit Stolz und Anerkennung füttern zu können. Wir sind auf Feedback von außen angewiesen, um entspannt und glücklich zu sein. Das ist doch Mist! Warum gehen wir diesen Umweg über die anderen, statt auf direktem Weg stolz auf uns zu sein? Denken wir, dass das fremde Lob mehr zählt als unser eigenes? Tut es nicht! Kennen uns Freunde, Familie und Kolleginnen besser, als wir uns selbst kennen? Tun sie nicht! Warum erlauben wir ihnen dann, mit ihrem Urteil unsere Stimmung zu beherrschen?

Das bedeutet, wenn du dich vom Lob anderer abhängig machst, verlierst du die Herrschaft über deine Gefühlslage. Darüber entscheiden dann die anderen durch ihre Rückmeldungen und können kinderleicht deine aktuelle Stimmung beeinflussen.

Federleicht-Tipp: Fremdlob manipuliert dich genauso wie Fremdkritik. Beides macht dich zu einer Marionette. Mach deine Gefühle nicht vom Lob irgendwelcher Kollegen, Chefinnen oder Freunde abhängig, denn das ist das Gegenteil von entspannt erfolgreich. Das ist verspannt abhängig! Sei stolz auf dich und auf das, was du alles schon geleistet hast. Wie du das in Zukunft besser hinkriegst, erfährst du in Modul 13.

Keinen Applaus erwarten

Eigentlich sollten sich deine Mitmenschen mit dir freuen, dass du bei deiner Persönlichkeitsentwicklung Fortschritte machst. Doch das tun sie nicht alle. Manche sind irritiert, denn du bist nicht mehr die Alte, an die sie sich gewöhnt haben. Das verunsichert sie. Manche ärgert es sogar, weil sie sich nun umstellen müssen. Das Gewohnte gilt nicht mehr, aber wie du neu tickst, haben die anderen noch nicht verstanden. Das erzeugt eine Spannung, die verhindert, dass sie sich mit dir freuen können. Aber das sollte dich nicht weiter stören.

Als Nicole in der Werbeagentur aufsteigt, in der sie vor fünf Jahren angeheuert hat, schäumt sie regelrecht über vor Freude. Sie strahlt und hat auch allen Grund dazu. Der Aufstieg ist ihr zugefallen, nachdem sie vor einem Jahr beschlossen hat, nicht mehr alles so ernst zu nehmen. Doch weder ihre Veränderung noch ihr Aufstieg kommt bei allen Teammitgliedern gut an. Ein ansonsten eigentlich netter Kollege pfeift sie scharf von der Seite an: »Hast wohl jetzt immer 'nen Clown gefrühstückt, was?« Eine andere Kollegin klagt: »Du nimmst das alles zu sehr auf die leichte Schulter! Sei doch mal ernst.«

Nicole nimmt diese Kommentare völlig gelassen zur Kenntnis. Diese Mitmenschen gönnen ihr offenbar den Erfolg nicht. Dass es ihr gelingt, Leichtigkeit, gute Laune und Erfolg zusammenzubringen, das passt vielen nicht. Da kommt Neid ins Spiel. Ihre Career-Happiness schmälert das aber kein bisschen.

Denk immer daran: Egal was du sagst oder tust, es wird Menschen geben, die deine Meinung nicht teilen. Und selbst wenn du dich anpasst und ihnen nach dem Mund redest, wird es nicht besser. Denn nun werden dich diejenigen kritisieren, die dich vorher gut fanden. Verabschiede dich ein für alle Mal von der Idee, es allen recht machen zu können. Das kannst du nicht! Niemand kann das.

Wenn dir das gelingt, wechselst du die Rolle von der netten, an sich selbst zweifelnden Kollegin, zu einer immer noch netten, aber selbstbewussten Frau, die ihre Stärken und Ziele kennt und nicht mehr zu allem Ja und Amen sagt. Das wird sich so gut anfühlen! Warte nicht darauf, dass die anderen die Erlaubnis zur Erfüllung deiner Wünsche und Ziele geben. Nimm dir selbst das Recht, glücklich zu sein!

Federleicht-Tipp: Wie du dir ein dickeres Fell zulegst, um bissige bis bösartige Kommentare besser wegzustecken, erfährst du in Modul 7.

7
Das Würdigen von Leistungen und Erfolgen

Das Feiern unserer Erfolge und das Würdigen unserer Misserfolge würde uns allen leichter fallen, wenn die Geschäftswelt Richard Gardners Empfehlung folgen würde. Er kam in seiner Studie zu dem Schluss, dass bei der Auflösung von Selbstzweifeln eine Unternehmenskultur hilft, in der über Versagensängste und Fehler offen gesprochen werden kann, ohne dass jemand Gefahr läuft, deswegen dumme Sprüche oder Kritik zu ernten.[48] Wer viel macht, macht eben auch mal Fehler – das ist ebenfalls ein wichtiger Grundgedanke des Federleicht-Prinzips. Doch Selbstzweiflerinnen mit Hochstapler-Syndrom tun sich mit diesem Take-it-easy-Gedanken erfahrungsgemäß schwer. Das soll und muss anders werden!

Langer Atem und unerschütterlicher Glaube an sich selbst

Am Anfang vieler großer Storys stehen Misserfolge und Selbstzweifel. Selbst bei den Megaerfolgreichen war der Aufstieg von Fehlschlägen begleitet. Dieses Wissen soll dich ermutigen, nicht aufzugeben, wenn »mal wieder« etwas schiefgelaufen ist. Das Wirtschaftsmagazin *Capital* hat 2017 die Super-Erfolgreichen aufgelistet, deren Karriere katastrophal begonnen hat. Eines haben sie gemeinsam: Sie sind am Ball geblieben, trotz der anfänglichen Demütigungen, die sie erfahren mussten.[49]

- Basketballsuperstar Michael Air Jordan schaffte es, 9 000 Korbwürfe zu versieben und aus seinem Highschool-Basketballteam zu fliegen, um sich später durch langen Atem, hartes Training und Talent an die Spitze zu katapultieren.[50]

- Charles Shultz, der die Comicserie *Peanuts* erfand, war schwer gefrustet, weil nicht einmal seine Schülerzeitung sie veröffentlichen wollte und sein Traumjob bei Walt Disney mit einer Kündigung endete.[51]
- Horrorkönig Stephen King bekam eine Absage von dreißig Buchverlagen für seinen späteren Bestseller *Carrie*. Niemand wollte diesen buchgewordenen Albtraum veröffentlichen. Nur der Einsatz seiner Frau hinderte den Schriftsteller daran, das Manuskript kurzerhand zu schreddern.[52]

Bei *Trial and Error*, also der *Versuch-und-Irrtum-Methode*, ist der Fehler ja gleich mit eingebaut, und das ist gar nicht schlimm, denn nur so geht es voran. Die Megaerfolgreichen haben immer weiter geübt und sich verbessert, sie haben nicht aufgegeben. Und sie wussten genau, dass Prokrastination und Perfektionismus Bremsklötze auf dem Weg zum persönlichen Erfolg sind.

Federleicht-Tipp: Wie du über die Zeit einen unerschütterlichen Glauben an dich selbst und deine Projekte entwickelst, darum geht es in Modul 6. Arbeite an deinem Selbstvertrauen und an deinem Selbstwertgefühl, um dann umso federleichter deine Erfolge zu feiern.

Gescheitert? Kein großes Ding

Wer mag schon scheitern? Früher habe ich (Jens) mich darüber schwarzärgern können. Ich machte mir selbst Vorwürfe, heute sage ich mir: »Das ist ja richtig schiefgegangen. Aber Leute, mal ehrlich: Ohne mich wäre das schon viel früher viel schiefer gegangen!« Ich habe mir die Erlaubnis erteilt, dass ich auch mal scheitern oder Fehler machen darf. Diese neue Devise möchten wir dir auch empfehlen: *Shit happens!* Das kann schon mal passieren. Und dann? Wunden lecken, Trost suchen, weitermachen. Dieses Mindset ist wichtig, denn Fehler geschehen schnell, weil wir Dinge falsch einschätzen – oder weil uns andere Leute ins offene Messer laufen lassen.

»Beißt Ihr Hund?«, fragt sie ihn im Park.

»Nein, der beißt nie, der ist gut erzogen«, erwidert er.

Sie beugt sich zu dem Tier herunter und krault es zärtlich. »Braver kleiner Hund«, murmelt sie, als der Hund zuschnappt. Sie schreit erschrocken auf und faucht das Herrchen empört an: »Sie haben doch gesagt, dass Ihr Hund nie beißt!«

»Das stimmt ja auch«, sagt er gelassen. »Aber das hier ist nicht mein Hund. Meiner läuft da hinten …«

Entscheidend ist jetzt die Frage: Kann sie diesen Fehler als normal akzeptieren und ihn sich verzeihen? Macht sie sich selbst Vorwürfe oder wünscht sie dem idiotischen Hundebesitzer alles Schlechte an den Hals?

Eine wichtige Federleicht-Methode ist, die Schuld – mit einem Augenzwinkern – bei den anderen zu suchen. Das ist eine kleine Lebenslüge, die wohltuend entlastet. Erspare dir auf diese Weise Selbstvorwürfe, die dich im Leben definitiv nicht weiterbringen.

Reflexion: Denk darüber nach, was dir Schlimmes passieren könnte, wenn du etwas richtig vergeigst. Na klar, du würdest dich ärgern. Irgendwer wäre richtig sauer auf dich. Vielleicht hättest du materielle Nachteile oder Rückschläge bei der Karriere. Das ist unerfreulich, aber nicht existenziell bedrohlich, richtig?

- Bekommst du wegen deines Fehlers eine tödliche Krankheit?
- Darfst du nie wieder in den sonnigen Süden?
- Steht die Trennung von deinem Liebsten im Raum?
- Lieben dich deine Kinder oder Eltern nicht mehr?
- Werden alle in der Firma dich dafür bis an dein Lebensende hassen?

Höchstwahrscheinlich wirst du in 99,9 Prozent der Fälle diese Fragen verneinen. Also, raus aus dem Dramamodus!

Natürlich bemühen wir uns, Fehler nicht zu wiederholen. Aber Menschen, die gerne mit dem Finger in unseren Wunden bohren, sollten bei uns schnell unten durch sein! Wir brauchen Menschen, die uns bei Fehlern zur Seite stehen, um uns zu retten. So wie eine unbekannte Frau, die mir (Jens) einst tatkräftig unter die Arme gegriffen hat.

Ich war zu einem Event eingeladen, rund 400 Gäste warteten auf meinen Vortrag über meine Peperoni-Strategie. Normalerweise könnte mich jemand nachts wecken und ich könnte den Vortrag voller Leidenschaft aus dem Stand halten. Doch an diesem Tag war alles anders.

Mein erster Fehler war, dass ich wenige Tage zuvor einen Sportwagen geleast hatte. Der war kein bisschen dezent, das gebe ich gerne zu, aber es war eben mein Jugendtraum, den ich endlich verwirklichen konnte.

Mein zweiter Fehler war, dass ich demzufolge nicht entspannt mit der Bahn zum Vortrag fuhr, wie ich es für gewöhnlich tat. Ich brauchte wesentlich länger mit dem Wagen, denn – wie sollte es anders sein – es goss natürlich in Strömen. Viele Lkws, katastrophale Sichtverhältnisse und dazu der Neuwagen. Stress pur! Ich erreichte den Veranstaltungsort auf den letzten Drücker, startete meinen Vortrag – und hatte bei meiner sechsten Powerpoint-Folie einen Blackout. Alles war weg.

Ich schlich wie ein gefangener Tiger auf der Bühne hin und her, auf der Suche nach meinem nächsten Gedanken. Das Publikum wurde unruhig und ich gab ehrlich zu: »Meine Damen und Herren, heute ist eine Premiere. Das ist mir noch nie passiert. Ich habe einen Blackout.« Alle starrten mich neugierig an. Doch ich war weiterhin geistig erstarrt. Und dann kam meine Rettung.

Eine Geschäftsfrau in der ersten Reihe realisierte mein Malheur und rief laut: »Wenn Ihnen dazu jetzt nichts einfällt, dann verraten Sie uns doch mal, was Sie für uns auf der nächsten Folie vorbereitet haben.« Das war grandios! Ich klickte die nächste Folie an und kam wieder in den Redefluss. Ich entspannte mich und war wieder in meinem Element.

»Das haben Sie vorhin sehr überzeugend inszeniert!«, lobte mich nach dem Vortrag ein Zuhörer, der das Ganze für einen coolen Gag gehalten hatte. Ich dementierte es nicht – aber bei der Geschäftsfrau bedankte ich mich nach dem Vortrag von Herzen. Sie hatte den Ernst meiner Lage erkannt und mir aus der Patsche geholfen.

Fehler müssen also nicht zwangsläufig in einer Katastrophe münden. Sie können sogar tolle Gesten hilfsbereiter Menschen hervorrufen. Seit dieser Erfahrung gehe ich übrigens milder mit Fehlern meiner Studierenden um. Diese Geschäftsfrau hat also nicht nur mir geholfen, sondern zudem den etwas besseren Notendurchschnitt so einiger Nachwuchsakademiker zu verantworten.

Überforderung im Arbeitsalltag

Um Überforderung zu erfahren, musst du keinen neuen Job antreten oder einen Vortrag vor vielen Menschen halten. Das klappt auch wunderbar im stinknormalen Berufsalltag, wenn es um Aufgaben geht, die zum ersten Mal zu bewältigen sind. Dabei fehlen dir schlichtweg die Routine und die Erfahrung. Plötzlich steckst du wieder in der Schülerinnenrolle, in der du die Herausforderung stümperhaft irgendwie bewältigst oder kläglich daran scheiterst. Mit dieser Empfindung stehst du nicht alleine da. Neue Aufgaben sind und bleiben eben eine Herausforderung, egal welche Position man schon erreicht hat.

»Warum haben Sie eigentlich keinen Führerschein?«, wurde die Dekanin einer Hochschule nach einer Konferenz gefragt. Die Frau hat eine Mathematikprofessur und leitet ihre Universität mit Herz und Kalkül. Sie hat ihren Laden im Griff.

»Wissen Sie«, antwortete sie, »der Gedanke, dass ich in meiner Heimatstadt durch die schriftliche oder praktische Führerscheinprüfung falle, ist für mich unerträglich. Allein die Vorstellung bereitet mir schlaflose Nächte. Das Gerede im Ort über die Professorin, die beim Führerschein durchfällt, möchte ich echt nicht hören. Nein, diese Schmach tue ich mir nicht an! Da fahre ich lieber weiter Taxi und spare mir den Autokauf.«

Bei ihren komplizierten Vorträgen hat sie Routine, doch die Führerscheinprüfung erscheint ihr als unberechenbar. Dabei ist das eine Herausforderung, die zahlreiche Menschen in jungen Jahren quasi nebenbei erledigt haben dürften. Nicht so diese Mathematikerin, die ihrem Gesprächspartner anschließend noch vorrechnete, dass Taxifahren tatsächlich kostengünstiger ist als ein Leasing- oder Kaufvertrag für ein Auto. Ein bewundernswerter kleiner Seitenhieb!

Neue berufliche Herausforderungen dürften auch für dich unangenehm sein, weil du nicht sicher sein kannst, ob du das Neue bewältigen wirst. Auch ich (Jens) komme mir bei neuen Anforderungen oft wie ein blutiger Anfänger vor, obwohl ich als Professor doch reichlich Erfahrung habe. Ich habe mich früher bei neuen Aufgaben als Einzelkämpfer durchgewurstelt und den Job dann halbwegs vernünftig erledigt. Heute mache ich das nicht mehr. Heute hole ich mir Expertise, bevor ich zu arbeiten beginne. Ich rufe Kolleginnen an, die meine neue Aufgabe in der Vergangenheit schon wiederholt gemeistert haben und bitte sie um Unterstützung. Oder um einen passenden Schriftsatz oder darum, mir gleich die richtige Formulierung zu diktieren. Mein Hilfegespräch eröffne ich immer mit dem Satz: »Ich muss hier etwas lösen und bin mir unsicher. Könntest du mich mal briefen?« Die Hilfsbereitschaft auf diese Bitte ist spektakulär. Probiere es aus. Das Ergebnis wird dir gefallen!

Failing well

Unser Scheitern, unsere Fehlentscheidungen oder schlicht unser dummes Verhalten sind Teil der menschlichen DNA. Also, Schwamm drüber! Du wirst nach dem Misserfolg sowieso neue Pläne schmieden und vielleicht sogar noch viel bessere Lösungen finden. Scheitern ist also gewissermaßen der Sound der Zukunft! Das »Failing well«[53] kann zum Startschuss einer inspirierenden Zukunft werden.

Dieses »gute Scheitern« wäre auch unserer Ansicht nach ein wichtiges Credo der innovativen Zeit, aber durchgesetzt hat es sich leider bisher noch nicht. Die berufliche Wirklichkeit hat wenig für Menschen übrig, die Fehler machen. Vielfach ist also weder Verständnis noch Unterstützung zu erwarten. Die Fehlerkultur ist in den letzten Jahrzehnten sogar noch strenger geworden.

Ein perfektes Erscheinungsbild, ein professioneller Auftritt und ausschließlich zielführende Lösungsvorschläge werden vielerorts erwartet. Mindestens! Und permanente Optimierung ist angesagt: Noch höher, noch schneller, noch weiter sollst du kommen. Noch gesünder und ökologischer sollst du handeln und dabei alle Compliance-Regeln beachten. Diese hohen Ansprüche machen Druck, fördern Stress und befeuern Selbstzweifel. Und sie passen perfekt zu einer Sozialisation, die gerade Frauen nach wie vor eintrichtern will, wie sie zu sein haben, wie sie auszusehen, sich zu verhalten, zu kleiden, zu benehmen haben, um ja nicht aufzufallen oder die eigenen Bedürfnisse in den Vordergrund zu stellen. An diesen perfektionistischen Anforderungen scheitert jede (und jeder) und nach einem *Failing well* fühlt sich das auch nicht an. Daher ist der Abschied vom Optimierungswahn und Perfektionismus ganz entscheidend, weil beide uns Stress machen und uns daran hindern, federleicht zu werden!

Federleicht-Tipp: Angesichts dieser denkbar ungünstigen Rahmenbedingungen in der Businesswelt ist es entscheidend, deine professionelle Leichtigkeit zu fördern, damit die extremen Anforderungen dich nicht fertigmachen. Du musst lernen, dein Scheitern als Vorstufe zum nächsten spannenden Schritt in deinem Berufsleben zu betrachten. Ein Misserfolg ist wie ein Stachel der Verantwortung, der dich anspornen kann, besser zu werden. Ob dir das gelingt, liegt in deiner Hand. Das Modul 14 hilft dir dabei, in Zukunft besser mit Fehlern und Niederlagen umzugehen.

TEIL 2

SCHRITT FÜR SCHRITT INS *federleichte* ARBEITSLEBEN

Eine kleine Bedienungsanleitung

Meine Erfahrung ist, dass wir manchmal in der Theorie stecken bleiben und nur schwer in die Praxis kommen. Doch erst durch die Umsetzung finden die wahren Veränderungen statt. Erst dadurch kommen wir aus dem Denken ins Fühlen. Ich (Laura) freue mich, dich tatkräftig dabei zu unterstützen, sodass du dich bald federleicht durch deinen Joballtag bewegen kannst. Ich wünsche mir so sehr, dass du erkennst und vor allem spürst, wie klug und wundervoll du bist, während du den Praxisteil nicht nur liest, sondern die Übungen in deinen Alltag einfließen lässt und gegebenenfalls wiederholst – in deinem ganz persönlichen Wohlfühltempo.

Ich weiß, dass es überfordernd wirken kann, wenn man auf einmal lauter Übungen und Empfehlungen ausgehändigt bekommt. Da stellt sich schnell die Frage: »Wo fange ich am besten an? Wie mache ich das richtig?« Tatsächlich folgt der Aufbau des Praxisteils der Logik, die sich im Rahmen der Coachings bewährt haben. Du kannst gerne alles von vorne bis hinten lesen und bearbeiten. Es ist aber auch absolut in Ordnung, wenn du dir zuerst jene Module vornimmst, die dich gerade besonders ansprechen. Du kannst nichts falsch machen, vertraue deinem Gespür und deiner Intuition.

Kleine Schritte zur Veränderung

Dabei ist liebevolle Geduld mit dir selbst das A und O. »Liebevolle Geduld mit sich selbst« – das ist ein entscheidender Aspekt, den mir mal einer meiner Coaches an die Hand gegeben hat. Man kann es nicht treffender beschreiben! Ich weiß, du möchtest die Dinge gerne verstehen und begreifen, alles auf einmal machen und auf Anhieb perfekt beherrschen. Das wird dir aber nicht immer gelingen. Nicht weil du nicht gut oder klug genug wärst oder dich nicht genug anstrengen würdest, sondern weil das einfach der Lauf der Dinge ist. Und total menschlich. Also, gib dir Zeit, die Übungen auszuprobieren und dich damit zu beschäftigen. Ich weiß, der Zeitdruck begleitet uns heute oft durch den Alltag, aber du darfst ihn hier getrost ignorieren. Du hast alle Zeit der Welt! Das hier ist kein Wettrennen. Es geht nicht darum, die Übungen möglichst effizient abzuarbeiten, sondern auf eine Reise zu gehen, deinen Selbstwert neu zu entdecken und selbstbewusst zu strahlen.

Meinen Kundinnen rate ich dabei zu einem Vorgehen, das sie als sehr unbefriedigend und entlastend gleichzeitig erleben: Mini-Mäuseschritte machen. Allein der Begriff »Mini-Mäuseschritte« lässt den Puls bei so mancher höherschlagen. Ja, er mag etwas albern klingen, aber er ist eben zutreffend. Lieber eine kleine Reflexion, eine kleine Übung machen, statt sich so viel vorzunehmen, dass es überfordernd oder frustrierend ist.

Alle Reflexionsfragen und Übungen kannst du wie einzelne Blumen eines herrlich bunten Straußes betrachten. Sie dienen der Inspiration und bestehen aus Anleitungen, die sich in der Praxis bewährt haben. Probiere jene aus, die sich gerade für dich passend anfühlen. So einfach darfst du es dir machen! Denn wenn du es krampfhaft versuchst, kannst du unmöglich eine federleichte, entspannte Lösung für dich finden. Mir ist wichtig, dass du auf dein Bauchgefühl hörst und dir vertraust. Gib dir die Zeit zu erkunden, was dir hilft. Es kann auch sein, dass es variiert: Mal hilft das eine, mal das andere.

Federleicht-Tipp: Taste dich langsam heran, denn so ein Wandel kann Unsicherheiten und Zweifel auslösen. Veränderungen sind gar nicht so leicht, und da bekanntlich der erste Schritt am schwersten ist, solltest du ihn so einfach wie möglich gestalten. Ganz ohne Zeitdruck. Viele deiner Denk- und Verhaltensmuster hast du bereits seit unzähligen Jahren im Repertoire, sie sind eingeschliffen. Also nur keine Hektik, es kommt auf eine Woche oder einen Monat mehr oder weniger nicht an. Sobald du dein Verhalten änderst, begibst du dich auf unbekanntes Terrain.

Individuelle Selbstcoaching-Termine

Trag einen wöchentlichen oder zumindest monatlichen Selbstcoaching-Termin in deinen Kalender ein, mindestens 15 Minuten, höchstens 60 Minuten, um dich mit einer Reflexion, einer Übung oder einem kompletten Modul zu beschäftigen. Finde heraus, welcher Rhythmus am besten zu deinem Lebensalltag passt. Daran musst du auch nicht eisern festhalten: Die Dauer kann ebenso variieren wie die Taktung. Wende in der Zeit bis zum nächsten Selbstcoaching-Termin das Erlernte im Arbeitsalltag an.

Zu Beginn deines Selbstcoaching-Termins kannst du folgende Fragen nutzen, um dich einzugrooven:

- Was hat sich seit dem letzten Mal verändert?
- Welche positiven Veränderungen sind dir aufgefallen?
- Was hat besonders gut funktioniert?
- Womit hattest du noch Schwierigkeiten?
- Welche Erkenntnisse sind dir gekommen?
- Was möchtest du noch intensiver üben?
- Welches Thema möchtest du dir heute genauer ansehen?

Federleicht-Tipp: Halte deine Gedanken und Erkenntnisse zwischen den Selbstcoaching-Terminen in einem Tagebuch oder Ähnlichem fest. Das hilft dir dabei, ein Bewusstsein für deinen Wandel zu entwickeln. Das ist wichtig, um deine selbstkritische innere Stimme effektiv leiser zu drehen. Und es gibt immer positive Veränderungen, auch wenn sie noch so klein und unbedeutend erscheinen!

MODUL 1

So hältst du deine innere Perfektionistin im Zaum

Wir verstecken uns gerne hinter Masken, denn mit ihrer Hilfe können wir sein, was wir wollen, und nach außen den Schein wahren. Sie bieten uns Schutz vor Angriffen und geben uns ein Gefühl von Sicherheit. Das kann ein stylisches Outfit sein oder das perfekte Make-up, ein fortwährendes Lächeln und Nicken, obwohl du innerlich schreist und deinem Gegenüber gerne endlich mal ordentlich die Meinung geigen würdest. Das sind die jederzeit mit Bedacht gewählten Worte, um zu verbergen, dass dahinter die Angst steckt, nicht klug genug oder nicht gut genug zu sein oder anderen nicht zu gefallen.

Eine beliebte Maske ist der Perfektionismus, der in der heutigen Zeit dank Social Media wie Instagram und Co. befeuert wird: perfektes Aussehen, perfekter Job, perfekte Partnerschaft, alles makellos! Das ist ein echter Energiefresser und ein Garant dafür, dass dir jegliche Leichtigkeit abhanden kommt und durch ein hohes Maß an Unzufriedenheit und Unzulänglichkeitsgefühlen ersetzt wird.

Christiane bereitet sich immer akribisch auf wichtige Termine vor, aus Sorge, sonst Fehler zu machen, kritisiert zu werden oder sich zu blamieren. Sie will bloß keine Angriffsfläche bieten, sicher ist sicher. Doch das kostet viel Zeit und Kraft. Wenn Christiane an der perfekten Powerpoint-Präsentation feilt, denkt sie bei jeder Folie, bei jedem Satz: »Kann ich das so stehen lassen? Wie wirkt das?« Sie sitzt stundenlang am Schreibtisch.

Am Tag der Präsentation liest Christiane nervös und fahrig noch zig Mal ihre Notizen, geht alles in Gedanken immer wieder durch. Ihr Herz klopft wie wild. Sie ist total angespannt und verkrampft. Hoffentlich stellt niemand eine Frage und bringt sie aus dem Rhythmus. »Ach du Scheiße!

Was, wenn ich auf eine Frage keine Antwort weiß?«, schießt es ihr plötzlich durch den Kopf. Doch es bleibt keine Zeit, noch mehr zu recherchieren. Die Sitzung geht los.

Christiane glänzt wie immer mit Wissen. Alles klappt reibungslos, sie kann alle Fragen beantworten. Puh, was für eine Erleichterung! Aber was für ein Kraftakt! Eigentlich sollte sie nach solchen positiven Erfahrungen entspannt in Präsentationen und Termine gehen und sich souverän fühlen. Stattdessen fühlt sie jedes Mal den gleichen Stress, den gleichen Druck. Was läuft hier schief?

Reflexion: Beobachte dich eine Woche im Arbeitsalltag. Wo machst du dir mehr Arbeit als notwendig? Worin investierst du viel zu viel Zeit und Energie, aus Angst dich zu blamieren, zu versagen oder etwas falsch zu machen?

Unerkannter Perfektionismus

Ich erlebe es oft in der Beratungspraxis, dass meine Kundinnen nicht bemerken, wie perfektionistisch sie veranlagt sind. Sie sehen aber genau, was sie nicht schaffen und nicht auf ihrer To-do-Liste abhaken können, kritisieren ihre Fehler und benennen exakt, was sie alles nicht wissen. Sie wollen die perfekte Frau/Mutter/Ehefrau/Kollegin/Freundin/Vorgesetzte/Unternehmerin werden –, aber es gelingt ihnen einfach nicht. Kurz gesagt, sie sabotieren die Leichtigkeit in ihrem Leben, denn ihre Aufgaben sind noch lange nicht erledigt. Es muss noch so viel gemacht werden!

Übung: Kleiner Perfektionismus-Check

Anhand der folgenden Aussagen kannst du einschätzen, ob du perfektionistische Tendenzen hast. Wie sehr stimmst du auf einer Skala von 1 bis 5 zu (1 = trifft gar nicht zu, 5 = trifft voll und ganz zu)?

- Ich bemühe mich, immer alles richtig zu machen.
- Ich habe Angst zu versagen, und das treibt mich an.
- Ich erwarte viel von mir und bemühe mich, diesen Erwartungen gerecht zu werden.
- Ich denke viel über die Erwartungen anderer Menschen an mich nach.
- Menschen, die anders, weniger genau oder langsamer arbeiten als ich, machen mich wahnsinnig.
- Ich gebe alles, um meine Ziele zu erreichen, aber meine innere Stimme sagt immer: »Das reicht nicht«, »Das geht noch besser«, »Das ist noch nicht gut genug«.
- Etwas falsch zu machen, finde ich schrecklich und versuche Fehler daher unter allen Umständen zu vermeiden.
- Ich jongliere viele Aufgaben und Projekte gleichzeitig – oder versuche es zumindest.

Es müssen nicht alle Punkte gleich stark zutreffen, das mag variieren. Verurteile dich nicht, wenn du bei so manchem Aspekt genickt hast. Nun schauen wir, wie du es dir zukünftig leichter machen kannst. Ohne dass deine Ergebnisse darunter leiden, versteht sich!

Herausforderungen freudig annehmen

Perfektionismus hindert dich am Weiterkommen. Wie willst du dich in neue Gefilde wagen, wenn du nie versagen darfst und alles auf Anhieb perfekt machen musst? Neue Herausforderungen und Perfektionismus beißen sich! Dein Motto sollte lauten: »Lieber unperfekt starten, als perfekt ein Leben lang warten.« Sonst kann keine federleichte Karriere gelingen. Wenn du weiterhin extrem hohe Erwartungen an dich stellst, wirst du nie neue Projekte starten, weil du dir nicht zutraust, dich in neue Aufgaben einzuarbeiten. Erlaube dir, andere Menschen um Rat zu fragen. Du wirst über deren Hilfsbereitschaft verblüfft sein.

Reflexion: Was hast du dich bisher nicht getraut zu tun, weil du dachtest, du könntest das nicht gut genug oder die anderen könnten es bestimmt besser und wären geeigneter?

Eine Herausforderung hat gerade dann die richtige Größe, wenn du noch nicht alles kannst und weißt. Sie ist wie ein Schuh, der noch ein bisschen zu groß ist und in den du hineinwachsen darfst. Du wächst mit deinen Herausforderungen, in der Lernzone – nicht in der kuscheligen Komfortzone!

Du kannst nur wachsen und lernen, indem du dich in neue Bereiche vorwagst. Doch deine Überzeugung, alles auf Anhieb können zu müssen, hindert dich oftmals daran. Dabei ist es ganz normal, dass du Zeit brauchst, um neue Verhaltensweisen zu erlernen, Routinen zu entwickeln und Erfahrungswerte zu sammeln. All das fehlt, wenn du dich völlig neuen Herausforderungen stellst. Also, gib dir genügend Zeit, in deinen neuen Schuh hineinzuwachsen. Und dann schlag 25 Prozent Zeit extra drauf, damit es auch wirklich reicht.

Federleicht-Tipp: Es ist unausweichlich, dass manches nicht klappt. Sich gegen diese Realität zu wehren, ist ein Kampf, den du nicht gewinnen kannst. Gib dir also die Erlaubnis zu versagen, denn es gibt im Leben keine Garantien. Du hast nie die absolute Kontrolle, egal wie sehr du es dir auch wünschst. Gib dir darüber hinaus das Versprechen, dass du dir für dein Scheitern vergeben und deiner inneren kritischen Stimme (mehr dazu in Modul 2) den Mund verbieten wirst. Dabei ist es hilfreich, wenn du dich daran erinnerst, was du im Leben schon alles hinbekommen und geleistet hast (mehr dazu in Modul 13).

Die innere Perfektionistin bändigen

Eva arbeitet im Projektmanagement eines mittelständischen Unternehmens. Sie bemüht sich, alles richtig zu machen. Deshalb vergeht regelmäßig einige Zeit, bis sie eine E-Mail perfekt formuliert hat. Sie wägt genau ab, was sie schreibt, und liest ihren Entwurf noch mindestens zehn Mal durch. Dabei können schon mal 20 bis 30 Minuten vergehen – pro E-Mail. Verrückt! Sie bleibt auch zwei, drei Stunden länger im Büro als alle anderen, und das fast jeden Tag, weil es in ihren Augen so viel zu tun gibt. Doch ihre Vorhaben wollen dennoch nicht gelingen. Eva ist deswegen total genervt. Wieso kriegt sie das denn nicht hin? Sie fühlt sich wie eine Versagerin.

Aber Eva ist keine Versagerin. Überhaupt nicht! Sie erwartet schlichtweg zu viel von sich. Auch wenn ihr das nicht so vorkommt, weil dieser Maßstab ihre Normalität widerspiegelt.

Eva ist in ihrem Veränderungsprozess nach dem Federleicht-Prinzip ein Fan von kleinen Schritten geworden. Je kleiner, desto besser. Dann kommt sie nämlich viel eher in die Umsetzung. Bei zu großen Schritten lacht sich ihre innere Kritikerin ins Fäustchen und sagt spöttisch: »Wusste ich doch, dass du das nicht hinkriegst! Die anderen kriegen das aber locker hin. Die haben sogar Kinder und machen mehr als du. Wie peinlich! Kannst du dich endlich mal zusammenreißen?«

Für Evas Arbeitsalltag ist das Motto »Better done than perfect« eine große Arbeitserleichterung. Dieses Umdenken in Richtung Federleicht-Prinzip geht aber nicht von heute auf morgen, das muss die Projektmanagerin üben. Sie ist jetzt ihr neuestes und wichtigstes Projekt! Sie hat sich fest vorgenommen, ihre E-Mails zu schreiben, zwei Mal zu lesen und dann abzusenden. Das muss reichen! Und sie will ab sofort pünktlich Feierabend machen und nach Hause gehen.

Übung: Perfektionismus schrittweise abbauen

Damit du weiterhin so exzellent performst wie bisher, aber mit mehr Leichtigkeit, ohne dass dich Versagensängste plagen und du total in Stress gerätst, musst du deine innere Perfektionistin bändigen. Also, packen wir es an! Es wird sich zunächst merkwürdig anfühlen, aber ich kann dir aus eigener Erfahrung versichern: Das geht vorüber.

1. **Zeiteinsatz reduzieren:** Exzellente Ergebnisse ohne völlige Verausgabung, das ist dein neues Ziel! Such dir zwei konkrete Situationen aus deinem Arbeitsleben aus, die du ab sofort weniger perfektionistisch angehen willst. Verschaffe dir dazu einen Überblick, inwiefern du dein Engagement reduzieren könntest.
2. **Minischritte machen:** Überlege dir, was ein erster kleiner Schritt in diese neue Richtung sein könnte. Such dir eine einfache Situation im Joballtag oder teste das Ganze erst einmal im Privatleben, wenn dir das leichter fällt. Nimm auf jeden Fall eine Situation, in der du nichts zu verlieren hast, und taste dich Schritt für Schritt voran. Es ist eine Reise, ein Abenteuer und kein Wettrennen! Auch wenn dir dabei etwas mulmig wird, es wird Zeit, dass du deine Risikofreude trainierst, anstatt dich durch stundenlange Kontrolle abzusichern, keinerlei Fehler zu machen.

Hier ein paar Beispiele für kleine Herausforderungen, an denen du wachsen kannst:

- E-Mails höchstens zwei Mal Korrektur lesen statt unzählige Male.
- Vor der nächsten Präsentation in Ruhe einen Tee trinken und durchatmen, statt panisch den Ablauf immer wieder im Kopf durchzuspielen.
- Das Geschäftshandy an mindestens zwei Tagen pro Woche nach der Arbeit ausschalten, statt es rund um die Uhr anzulassen.
- Pünktlich Feierabend machen, erst ein, dann zwei, dann drei Tage in der Woche, auch wenn du Arbeit liegen lassen musst, statt dies und jenes »noch ganz schnell« zu erledigen.

- Im Meeting eine Frage stellen, wenn du etwas nicht nachvollziehen kannst oder etwas nicht verstehst, statt hinterher zu grübeln, was damit wohl gemeint sein könnte, und unsicher zu werden, was genau zu tun ist.
- Selbstbewusst eine Idee oder andere Sichtweise im Geschäftstermin einbringen, die von der Standardvorgehensweise abweicht, statt dich kleiner zu machen, als du bist.

Auf diese Weise reduzierst du jene fest programmierten Strategien, die dir bisher Sicherheit gegeben, aber eben auch deine Unsicherheiten aufrechterhalten haben. Das Neue fühlt sich sicherlich ungewohnt an, doch du wirst nach kurzer Zeit merken: Es funktioniert super, weil du dennoch gute Ergebnisse erzielst! Und wem hast du diese Erfolge zu verdanken? Dir ganz allein! Deiner Intelligenz, deiner Kompetenz und nicht nur deiner übertriebenen Kraftanstrengung. Gib dir Zeit, dein Vertrauen in dieses neue Vorgehen zu stärken und immer sicherer zu werden.

Federleicht-Tipp: Es ist spannend und erkenntnisreich zu erfahren, wie unterschiedlich Menschen die Dinge betrachten und angehen. Beobachte oder befrage deine Vertrauten: Wie lange bereiten sie zum Beispiel eine Präsentation vor oder feilen an einer E-Mail? Schaffen sie jeden Tag ihren Berg an Arbeit, oder lassen sie auch mal etwas liegen? Und wie kommen sie damit klar? So bekommst du auch ein Gefühl dafür, was ein guter Maßstab bei verschiedenen Aufgaben ist, an dem du dich in Zukunft orientieren kannst.

MODUL 2

So nimmst du Kritik weniger persönlich

Um eins gleich vorwegzunehmen: Fehler sind kein Beweis, dass du nicht gut (genug) bist, sondern gehören zum Leben und damit natürlich auch zum beruflichen Alltag. Egal wie gut du vorbereitet bist, es wird hin und wieder mal etwas schiefgehen und du wirst dafür Kritik ernten.

Trotzdem haben wir alle diese hohen Ansprüche: Perfekt sein. Jedem gefallen. Bloß keine Angriffsfläche bieten. Höher, schneller, besser, weiter! Wir vergleichen uns mit anderen, die in unseren Augen so viel mehr draufhaben als wir selbst. Und unsere innere Kritikerin findet immer etwas an uns oder unserer Leistung auszusetzen. Das Ergebnis: Wir fühlen uns klein, schlecht und werten unsere Leistungen permanent ab. Minderwertigkeitsgefühle sind die logische Folge. Das Gemeine ist, dass wir unsere eigene hohe Messlatte oft gar nicht bemerken.

Wenn ich (Laura) von deiner inneren Kritikerin spreche, meine ich die Stimme, die dich in einer Tour abwertet und klein macht. Die dich auf eine destruktive Weise kritisiert und dein Selbstwertgefühl immer weiter schwinden lässt. Versteh mich nicht falsch: Sich selbst kritisch zu hinterfragen, ist sinnvoll, um sich weiterzuentwickeln. Aber dann bitte konstruktiv!

Christine ist seit einem Jahr als Marketingberaterin selbstständig. Von Beginn an läuft ihre Selbstständigkeit – von außen betrachtet – sehr erfolgreich. Sie schreibt von Beginn an schwarze Zahlen, ihre Kunden geben ihr tolles Feedback und empfehlen sie gerne weiter.

Fragt man Christine jedoch nach ihrer persönlichen Einschätzung, was ihren geschäftlichen Erfolg angeht, scheint es, als würde sie in einem Paralleluniversum leben: Sie verspürt permanent die Sorge, ihre Kunden zu enttäuschen. Wenn sie das Gefühl hat, dass das Ergebnis nicht perfekt ist, rechtfertigt sie sich dafür, auch wenn der Kunde gar nichts daran auszusetzen hat. Sie redet sich permanent ein, dass sie sich mehr anstrengen müsste und mit ihrem Business schon viel weiter sein sollte. Was sie dabei komplett übersieht: Sie ist eine absolute Höchstleisterin und vergleicht sich gerade mit Selbstständigen, die seit zehn oder mehr Jahren erfolgreich im Business sind. Doch das lässt sich nicht miteinander vergleichen!

Reflexion: Wann reagierst du empfindlich auf Kritik oder fühlst dich angegriffen? Gibt es spezielle Situationen oder Konstellationen? Wie sehr verspürst du den Drang, dich zu beweisen oder mit anderen zu vergleichen? Zu zeigen, dass du außerordentlich leistungsstark und zielstrebig bist? Dass du belastbar bist und angetrieben davon, immer mehr zu leisten?

Federleicht-Tipp: Es ist wichtig, dass du einen entspannten Umgang mit Kritik entwickelst, egal ob sie von innen oder von außen kommt. Dazu zählt, hilfreiche Feedbacks für dein Wachstum zu nutzen und nicht dienliche Kritik an dir abperlen zu lassen.

Deine innere Kritikerin entlarven

Viele meiner Kundinnen haben sich schon so an den negativen inneren Monolog gewöhnt, dass er ihnen gar nicht mehr auffällt. Das sollte er aber! Denn nur wenn du ihn mitbekommst, kannst du ihn auch stoppen. Vielleicht hast du schon mal bemerkt, dass es dir schwerfällt, Lob anzunehmen, weil deine kritische Stimme ständig aktiv ist und alles kleinredet: »War doch selbstverständlich«, »So besonders ist das nicht«, »Das meint der eh nicht so nett«. Aber wie merkst du, ob deine innere Kritikerin am Werk ist oder du dich gerade ehrlich und dienlich hinterfragst?

Es gibt einige Anzeichen, an denen du deine innere Kritikerin erkennen kannst:

- Sie spricht oft sehr verallgemeinernd: »Du kannst einfach keine Berichte schreiben«, »Du bist einfach eine Fehlbesetzung für deinen Job«, »Du wirst nie eine gute Führungskraft« et cetera.
- Sie greift dich gerne persönlich an: »Du bist einfach zu dumm«, »Du bist so inkompetent« et cetera.

Federleicht-Tipp: Lass dich von den abwertenden Worten deiner inneren Kritikerin nicht länger verunsichern. Es wird Zeit, diesen Sender auszuschalten, wie einen Radiosender, den du nicht mehr hören willst, weil er total nervt, und einen neuen, positiven Sender mit der Durchsage, dass du gut genug bist, anzuschalten.

Reflexion: Beobachte dich eine Woche lang im Alltag. Nutze deine Gefühle als Alarmsignal. Immer wenn du dich unzulänglich, angestrengt, angegriffen, verbissen, schuldig oder beschämt fühlst, ist die Wahrscheinlichkeit groß, dass deine innere kritische Stimme gerade aktiv ist. Wie denkst du in solchen Momenten über dich selbst? Das heißt, wie »sprichst« du in Gedanken über dich oder mit dir? Schreib dir diese Gedanken am besten auf.

Überleg dir mal, ob du die Dinge, die du zu dir selbst sagst oder die du über dich denkst, auch zu deiner besten Freundin sagen würdest. Oder zu deiner Mutter, deinem Kind oder einem anderen geliebten Menschen. Vermutlich nicht. Es ist ein wichtiger Schritt, das zu erkennen!

Übung: Innere Kritikerin verstummen lassen

Damit du gelassener und zufriedener wirst, musst du aufhören, so destruktiv und streng mit dir zu sprechen. Mach dir bewusst, dass du nicht so bist, wie es dir deine selbstkritische Stimme suggerieren will. Auf diese Art setzt du dich für dich ein. Du wirst in der Folge bemerken, dass dein Umfeld wie durch Zauberhand ebenfalls wertschätzender mit dir umgeht. Also, bring deine innere Kritikerin zum Schweigen – oder regle zumindest ihre Lautstärke herunter.

Immer wenn du deine innere Kritikerin wahrnimmst, sag ihr: »Hey, ich habe dich gehört, aber jetzt hast du Sendepause!« Du kannst ihr auch etwas Freches erwidern, zum Beispiel: »Ich weiß, dass in deiner Jobbeschreibung steht, mich permanent zu kritisieren, und dass das deshalb deine Hauptaufgabe ist. Schön für dich. Aber ob du das jetzt doof findest oder in Buxtehude ein Spaten umfällt, deine Meinung interessiert mich gerade nicht.« Vielleicht knallt sie dir mal wieder vor den Latz: »Du hast dir noch keine Pause verdient!« Deine Antwort könnte lauten: »Ich brauche deine Erlaubnis dafür nicht. Ich entscheide das, nicht du! Ich mache Pause, wenn ich es für richtig halte!« Oder sie meckert: »Der Bericht/die E-Mail/die Präsentation ist so noch nicht gut genug.« Dann kannst du selbstbewusst erwidern: »Kein Wunder, dass du das so siehst. Dein Job ist es schließlich, das Haar in der Suppe zu finden – und wenn du es dafür persönlich hineinlegen musst. Ich habe bereits 90 Prozent erreicht. Damit liege ich übrigens schon 10 Prozent über dem, was notwendig wäre, um ein super Ergebnis zu haben. Also, bei allem Verständnis für dein kritisches Auge, liebe innere Kritikerin: So wie es ist, reicht es völlig.«

Übung: Den Wind aus den Segeln nehmen

Eine andere Herangehensweise ist, die Worte deiner inneren Kritikerin neu zu definieren. Das kannst du übrigens auch wunderbar anwenden, wenn du von anderen kritisiert wirst. Hier zwei Beispiele:

»Bilde dir mal nichts ein, du bist in deinem Business nicht erfolgreich«, behauptet deine innere Kritikerin. Deine Umdeutung lautet:

»Wenn ›nicht erfolgreich im Business sein‹ bedeutet, dass ich regelmäßigen Cashflow habe, meine Kunden mir tolles Feedback geben und mich weiterempfehlen und mir meine Arbeit Spaß macht, ja, dann bin ich wohl tooooootal erfolglos im Business – und bleibe es auch gerne!«

Deine innere Kritikerin sagt: »Du bist eine schlechte Mitarbeiterin.« Deine Umdeutung könnte sein: »Wenn ›eine schlechte Mitarbeiterin sein‹ bedeutet, dass mein Chef mir regelmäßig positives Feedback gibt, mein selbstständiges Arbeiten schätzt und mir wichtige Projekte überträgt, man sich auf mich verlassen kann, ja, dann bin ich wohl eine richtig miese Mitarbeiterin.«

Federleicht-Tipp: Wenn dir diese Übung anfangs schwerfällt, versuche dir vorzustellen, dass du jemanden anders – vielleicht ein Kind oder einen Menschen, den du sehr liebst – vor einem fiesen Kritiker beschützen willst. Was würdest du jemandem erwidern, der so mit deinen Liebsten spricht? Zeig es ihm! Am Anfang wird deine kritische innere Stimme vermutlich noch einiges zu meckern haben, viel Raum einnehmen und dich immer wieder nerven. Doch je öfter du sie stoppst, je öfter du sie unterbrichst, wegschickst oder frech dagegenhältst, umso eher wird sie verstummen. Es ist ein Prozess.

Dienliche Selbstkritik statt destruktiver Selbstkritik

Selbstkritik ist per se nichts Schlechtes. Doch deine innere Kritikerin ist zu streng zu dir und zeigt dir liebend gerne deine Unzulänglichkeiten auf. Sie bremst dich, sie verunsichert dich oder wertet dich ab. Sie zeigt mit dem Finger auf dich und wird auch gerne mal unsachlich. Sie nutzt gerne Wörter wie »immer« und »nie« und greift dich persönlich an. Die selbstkritische Stimme ist eine echt miese Mistmade! Dienliche, konstruktive Selbstkritik hingegen möchte dich entwickeln.

Übung: Konstruktive Selbstkritik

Wie sieht also konstruktive Selbstkritik aus? In dem Fall betrachtest du eine Situation oder ein Verhalten. Du überlegst, was du anders machen könntest, wägst Vor- und Nachteile ab. Dann triffst du eine Entscheidung und kommst, wenn du es für angebracht hältst, in eine Aktion. Dabei können dir folgende Fragen helfen:

- In welcher konkreten Situation hättest du gerne anders reagiert?
- Was war der Auslöser für deine ursprüngliche Reaktion?
- Wie möchtest du gerne nächstes Mal reagieren, oder was möchtest du gerne anders machen oder ganz neu ausprobieren?
- Was musst du dafür gegebenenfalls im Vorfeld lernen oder trainieren?
- Welches Wissen oder welche Informationen könnten dir weiterhelfen?
- Wer könnte dich dabei unterstützen?

Nachdem du eine Veränderung an deinem Denken oder Verhalten vorgenommen und in die Praxis umgesetzt hast, kannst du mithilfe der folgenden Fragen das Ergebnis beleuchten:

- Was hast du ausprobiert, und wie hat es funktioniert?
- Was hat sich als hilfreich erwiesen und was nicht?
- Was willst du beibehalten, was lieber verwerfen?
- Was klappt schon besser, und wo gibt es noch Potenzial zur Weiterentwicklung?

Vielleicht fragst du dich jetzt, ob du womöglich egoistisch, arrogant, selbstgefällig oder überheblich wirst, wenn du dich nicht mehr so selbstkritisch betrachtest. Diese Sorge zeigt, dass du mit hohen moralischen Vorstellungen ausgestattet bist, also einen Kompass hast, damit du nicht auf die schiefe Bahn gerätst, auch wenn du dich von deiner inneren Kritikerin distanzierst. Versuche gleichzeitig zu akzeptieren, dass es immer Momente oder Situationen geben kann, in denen du naiv, egoistisch oder selbstgefällig reagierst, weil du eben auch nur ein Mensch bist. Ist solches Verhalten vermeidbar? Ja, wenn du dich einschließt und nie wieder das Haus verlässt. Aber das ist keine wirklich praktikable Lösung, stimmt's? Wenn es mal passiert, bist du weiterhin ein wunderbarer Mensch! Auch die Queen, der Papst oder dein Chef sind nicht perfekt und verhalten sich auch nicht immer so. Wir alle machen Fehler oder vergreifen uns mal im Ton.

Die Übermacht der Bad News

Leider merkt sich unser Gehirn negatives Feedback besonders gut, egal ob wir es von pessimistischen Familienangehörigen, missgünstigen Kolleginnen oder falschen Freunden erhalten, weil das Schlechte besonders ins Auge sticht und weil die Katastrophe uns nicht nur emotional anzählt, sondern auch unsere Neugier weckt.

Probiere es einfach einmal aus! Erzähle deiner Freundin bei eurem nächsten Treffen, dass dich dein Chef überschwänglich gelobt hat. Sie wird dir wohlwollend zuhören, vielleicht auch noch eine müde Nachfrage stellen, aber nach wenigen Minuten dürfte das Thema vom Tisch sein. Good News fehlt einfach die Spannung und der Reiz.

Erzähle ihr wenig später, dass du dich von einem Kollegen aus dem Nachbarbüro gemobbt fühlst. Wie der dich immer anschaut! Wie der redet! Was der andeutet! Dieses Thema hat viel mehr Potenzial. Es steckt voller Bad News – und die sind womöglich sogar abendfüllend. Verblüffung, Neugier, Tratsch, Empörung, eine Serie von Vorschlägen, wie man dem mobbenden Mistkerl das Handwerk legen könnte, bis hin zu der Andeutung, ob du vielleicht auch irgendwie ein bisschen selbst schuld an dem Mobbing sein könntest. Die Palette der möglichen Reaktionen ist bunt. Mit der Schuldfrage liegen sogar alle Zutaten für einen handfesten Streit auf dem Tisch. Die Viktimologie spricht übrigens von *Blame the Victim*, wenn dem Opfer die Schuld gegeben wird. Spätestens jetzt flackern deine Selbstzweifel wieder auf, genauso wie deine Wut auf diese unsensible Freundin.

Federleicht-Tipp: Fokussiere dich in schlechten Situationen auf das Tolle an dir und auf die Menschen, die dir in dieser Situation helfen könnten, vor allem bei Mobbing am Arbeitsplatz. Deine wohlgesonnene Chefin, dein unterstützender Partner, die engagierte Personalleitung, dein zuverlässiger Anwalt – mit so einem Netzwerk bist du unschlagbar! Daher ist es wichtig, ein solches aufzubauen, allerdings bevor du es brauchst. Denn wenn du es mal dringend brauchst, wirst du keine Kraft fürs Kontakteknüpfen mehr übrig haben.

Kritik von außen besser verkraften

Oft ist unsere innere kritische Stimme allein ja schon laut genug, da wirken kritische Worte von anderen so, als würde man Öl ins Feuer gießen. Selbst wenn die Kritik freundlich und konstruktiv verpackt serviert wird, kann sie schmerzen. Wir fühlen uns in unserer Angst, nicht gut genug zu sein, in solchen Augenblicken leider bestätigt.

Keine Frage: Kritik ist wichtig, damit wir uns weiterentwickeln. Sie ist ideal, wenn sie konstruktiv ist, also uns weiterhilft, bestimmte Aufgaben oder Probleme zu lösen. Wir alle können mit solcher Kritik in der Regel ganz gut umgehen. Aber es gibt auch Kritik, die nicht einen Teil unserer Arbeit kritisiert, sondern unsere Persönlichkeit. Und es gibt völlig überzogene Kritik, die uns verletzt und bei der wir uns ernsthaft fragen, ob unser Gegenüber womöglich einen Knall hat. Und dann gibt es noch die vielen Kritiksüchtigen, die uns ständig mit ihren Nörgeleien nerven.

Diese Formen der Kritik sind ärgerlich und häufig total ungerecht, aber es hilft nichts: Du musst lernen, mit solchen Kritiken umzugehen oder sie im Idealfall von dir abprallen zu lassen. Doch das ist manchmal leichter gesagt als getan.

Im zarten Alter von 17 Jahren lernte ich (Jens) ein Mädchen kennen, das für mich drei Nummern zu groß war. Sie spielte in der Champions-

League und ich in der zweiten Bundesliga – höchstens. Das ist vielleicht ein etwas unpassender Fußballvergleich, aber genau den Gedanken hatte ich, als ich mit ihr ins Gespräch kam. Wir verstanden uns dennoch sehr gut. Sie fand mich wohl irgendwie süß, wir kamen zusammen und ich war – gelinde gesagt – aus dem Häuschen. Ein paar Monate ging das gut, ich schwebte auf Wolke sieben, ahnte aber, dass das auf Dauer nicht halten würde. Der »Klassenunterschied« war einfach zu krass, so mein selbstzweifelnder Eindruck, und früher oder später würde ihr das auffallen.

Es kam, wie es kommen musste. Während wir in einer Kneipe Billard spielten, sagte sie den Worst-Case-Satz: »Jens, ich mache Schluss mit dir!« Als wenn das nicht vernichtend genug gewesen wäre, schickte sie eine »Begründung« hinterher, die für mich zum schlimmsten Feedback aller Zeiten werden sollte. Sie sagte: »Und zwar wegen deiner Wurstfinger.« Ich war fassungslos. Davon hatte ich ja noch nie gehört. Wurstfinger – ich? Das hatte gesessen.

In der Tat bremste mich dieses Wurstfinger-Feedback lange Zeit aus. Als ich als Student an der Universität Referate halten musste, verschränkte ich meine Arme beim Vortrag vor der Brust, sodass niemand meine Finger sehen konnte. Oder ich hielt sie hinter meinem Rücken verborgen. Ich entwickelte aufgrund der unbedachten Worte meiner Verflossenen eine Vielzahl von ungelenk aussehenden Körperhaltungen, die es meinem Gegenüber unmöglich machen sollten, einen Blick auf meine üblen Wurstfinger zu werfen.

Der Höhepunkt dieser Absurdität war meine Doktorprüfung, die Disputation. Ich dachte damals vor der Prüfung: Wenn die professoralen Prüfer meinen Forschungsteil kritisieren würden, damit käme ich klar. Aber ich malte mir irrwitzigerweise aus, dass womöglich einer sagen könnte: »Herr Weidner, eine ausgezeichnete Dissertation. Aber dass man so eine hervorragende Arbeit mit solchen Wurstfingern schreiben kann, das hat uns schon verblüfft …« Mein persönliches Worst-Case-Szenario. Natürlich ist es nicht eingetreten – und heutzutage ist es mir tatsächlich herzlich egal, wie irgendwer über meine Finger denkt. Oder andere meiner Merkmale oder Eigenschaften, die anderen aus irgendeinem Grund nicht passen.

Reflexion: Was ist dein persönliches Worst-Case-Szenario? Was wäre das Schlimmste, was dir an Feedback widerfahren könnte oder deiner Meinung nach bereits widerfahren ist? Male es dir in all seiner Hässlichkeit aus – nur um später festzustellen, dass die Wirklichkeit nie so grausam zu dir ist wie deine Fantasie!

Übung: Kritik analysieren

Wenn dich das Feedback eines Mitmenschen triggert, nimm dir etwas Zeit und stell dir folgende Fragen:

- Kommt die Kritik von einer Person, die du ohnehin um Feedback bitten würdest, etwa weil sie ein ausgewiesener Experte auf dem Gebiet ist? Oder ist es eine ungefragte Rückmeldung?
- Wie ist die Kritik formuliert? Konstruktiv? Auf eine bestimmte Situation bezogen? Schlägt sie ein alternatives Verhalten vor? Oder ist sie eher abwertend, verallgemeinernd und persönlich angreifend?
- Was kannst du aus der Kritik lernen? Ist etwas für dich dabei, das du mitnehmen kannst?

Feedback, das dich triggert, trifft häufig einen deiner Schwachpunkte, über die du dich sowieso schon ärgerst. Das heißt, es geht für dich bei der Kritik um viel mehr als die Sachebene, die dein Gegenüber eigentlich ansprechen wollte. Für dich steht mehr dahinter, nämlich das Gefühl, nicht auszureichen, nicht okay zu sein.

Doch warum geht dir Kritik manchmal so nahe und macht dich so sauer/traurig/unsicher et cetera? Dazu ist die Vorüberlegung wichtig: Was wurde gesagt, und was hörst du, das heißt, wie interpretierst du das Gesagte? Zum Beispiel bekommst du als Feedback, dass du etwas nicht termingerecht erledigt hast (= das Gesagte), aber du hörst etwas anderes heraus, nämlich dass du dein unstrukturiertes Leben nicht im Griff hast. Siehst du, was hier passiert? Eine kleine Aussage wird in einen viel zu großen Kontext gestellt. Wie die sprichwörtliche Mücke, die zum Elefanten mutiert.

Von wem kommt dieses Feedback? Welche Rolle spielt der Sender, also was hat er damit zu tun, dass es dich trifft? Es kann zum Beispiel ein Familienmitglied sein, dem du es nie recht machen kannst, egal wie sehr du dich bemühst. Oder dein Chef, der dich unbewusst an deinen kritischen Vater oder deine superstrenge Lehrerin aus der Schulzeit erinnert. Oder es ist die Person, um deren Unterstützung und Zuneigung du buhlst. Doch oft genug ist es jemand, der dir im Grunde komplett egal sein kann, stimmt's?

Für den Inhalt eines Feedbacks gilt: »Was Peter über Paul sagt, sagt auch jede Menge über Peter aus.« Das ist gar nicht so schwer einzuschätzen. Nehmen wir einmal an, jemand äußert eine persönliche, verletzende Kritik oder eine erniedrigende Anspielung gegen dich. Dann bedeutet das, dass sich dein Kritiker auf deine Kosten selbst erhöhen möchte, schlichtweg indem er dich kleinmacht. Der Inhalt der Botschaft offenbart also den schäbigen Charakter deines Gegenübers. Über den solltest du nachdenken und darüber, was die vorgebrachte Kritik mit den Erwartungen, Glaubenssätzen und Werten deines Gegenübers zu tun hat. Und vor allem darüber, wie du diesen Menschen zukünftig aus deinem Leben weitgehend verbannst. Über den Wahrheitsgehalt seiner unangemessen vorgetragenen Kritik solltest du dagegen gar nicht weiter nachdenken!

Die Auseinandersetzung mit diesen Fragen führt dazu, dass du besser verstehst, was dich genau getriggert hat, aber auch was dein Gegenüber mit seiner Kritik bezweckt. So kannst du besser einschätzen, ob du die Kritik für dich nutzen oder abweisen möchtest. Diese Klarheit wird dir guttun!

Federleicht-Tipp: Auch wenn ein kritisches Feedback von jemandem kommt, den du um Rat fragen würdest, und sie konstruktiv formuliert ist, darfst du es dennoch anders sehen. Denn solange es sich nicht um Zahlen, Daten und Fakten handelt, ist Kritik nichts anderes als eine individuelle Meinung.

Ungerechtfertigte Kritik an dir abperlen lassen

Es ist, wie es ist. Kolleginnen und Vorgesetzte, die dich kritisch sehen, werden sowieso immer an dir herumnörgeln und an allem etwas auszusetzen haben – egal ob du es hinkriegst oder ob du es vergeigst. Daher wäre es am besten, wenn es dir irgendwann egal wäre, wenn dich solche notorischen Nörgler kritisieren.

Übung: Dauernörgler »verzwergen«

Als kleine, ethisch zweifelhafte, aber schöne Übung möchten wir dir empfehlen, deine Dauernörgler als Zwerge zu betrachten, die mit ihrer Piepsstimme Radau machen, die aber keiner so richtig ernst nehmen kann.

Stell dir Kritiker, die ungerechtfertigt zulangen, mit roter Zipfelmütze vor, gerne auch mit einer Gießkanne in der Hand und einem albernen Gartenzwerg-Kleidungsstil. Dieses Bild führt automatisch dazu, dass dich ihr Gelaber nicht mehr so sehr berührt. Herrlich!

Negatives Feedback sollte dir entsprechend am A… vorbeigehen, weil dein Kritiker dadurch zu erkennen gibt, dass er die guten Seiten deiner Persönlichkeit nicht in den Vordergrund stellen will. Deswegen solltest du dir die Meinung solcher notorischer Nörgler nicht zu Herzen nehmen. Sie ist bedeutungslos für dein zukünftiges Leben.

Positives Feedback solltest du dir hingegen wie die frische Morgenluft reinziehen und genießen. Sonst bleibst du im typischen Denkansatz der Selbstzweiflerinnen hängen, der da lautet: »Sag mir, wie wertvoll ich bin! – Ich glaube dir kein Wort!«[54] Und das wollen wir nicht, richtig?

Federleicht-Tipp: Versuche, Fehler und berufliche Zurückweisungen als Vorspiel auf spätere Erfolge zu interpretieren. Denk immer daran: Niemand wird ohne Rückschläge erfolgreich. Aber du kannst üben, mit Rückschlägen besser umzugehen. In Modul 7 findest du erste praktische Schritte in diese Richtung.

MODUL 3

So gehst du mit deinen Glaubenssätzen besser um

Das, was du über dich und die Welt glaubst – deine unbewussten Einstellungen und Überzeugungen – prägen dein Handeln und steuern dich in vielen Situationen automatisch. Glaubenssätze erkennst du daran, dass sie dir wie eine Wahrheit erscheinen, als wären sie feste Regeln und Gesetze. Tatsächlich ist es aber »nur« deine subjektive Sicht der Dinge, und diese prägt deine Reaktionen, also dein Fühlen und Verhalten, maßgeblich.

Anna arbeitet als Projektmanagerin und wird von der Sorge getrieben, nicht professionell genug zu wirken. Sie tritt im Job daher sehr ernst auf und lacht eher selten. Sie hat früh gelernt und verinnerlicht, dass es wichtig ist, immer professionell zu sein und alles im Griff zu haben.

Für Anna bedeutet »professionell sein«, alles zu wissen, schnell zu sein, alles auf Anhieb richtig zu machen und keine Schwäche zu zeigen. In der Folge übernimmt sie Aufgaben, selbst wenn sie eigentlich keine Zeit dafür hat, nur um kompetent und nicht überfordert zu wirken. Und wenn sie etwas nicht direkt weiß oder nicht auf Anhieb hinbekommt, zweifelt sie sofort an sich.

Ihre Kollegen halten Anna für taff und gelassen, doch innerlich fühlt sie sich permanent unter Druck gesetzt, ihrer Vorstellung von Professionalität gerecht zu werden.

Anna steht der Glaubenssatz im Weg, sie müsse immer und sofort springen, wenn ihre Eltern und Angehörigen, ihr Chef oder ihre besten Freundinnen sich etwas von ihr wünschen. Sie ist wie eine Wunschfee, die es allen recht zu machen versucht. Mehr noch: Sie will allen wirklich helfen, selbst wenn sie sich dabei überfordert und als Nervenbündel endet.

Denn welche Person hier als Einzige auf der Strecke bleibt, ist wohl sonnenklar!

Glaubenssätze wie »Ich bin nicht gut genug«, »Nur wenn ich mich anstrenge und hart arbeite, kann etwas aus mir werden«, »Ich bin nicht klug genug« führen demzufolge zu anderen Emotionen, Handlungen und Ergebnissen als Gedanken wie »Ich bin klug genug!«, »Ich schaffe das!« oder »Fehler zu machen, ist ganz normal und gehört zum Lernprozess.« Es ist also an der Zeit, deine hinderlichen Glaubenssätze zu identifizieren und wenn möglich zu verändern.

Hinderliche Glaubenssätze identifizieren

Die Preisfrage lautet: Wie kannst du deine Glaubenssätze und Überzeugungen so verändern, dass sie dir dienen und dein Leben erleichtern? Die Antworten darauf wollen wir dir natürlich nicht vorenthalten!

Reflexion: Am leichtesten klappt es, wenn du dir ein spezifisches Thema aussuchst, etwa Erfolg, Finanzen, Umgang mit Fehlern, Work-Life-Balance, und deinen Glaubenssätzen punktuell auf den Grund gehst:

- Was denkst du über das Thema? Welche Erfahrungen hast du bisher damit gesammelt?
- Welche Gedanken oder Sätze kommen dir dazu in den Sinn?
- Welche Sprichwörter fallen dir dazu ein, die du schon seit deiner Kindheit kennst?
- Wie war die Haltung deiner Eltern, Geschwister, Großeltern, Bezugspersonen zu dem Thema? Was hast du beobachtet? Was wurde dir dazu gesagt?
- Wer sind deine Vorbilder und Anti-Vorbilder? Wen kopierst du, wem eiferst du nach und von dem versuchst du dich stark zu unterscheiden?
- Welche konkreten Tipps sind dir bisher im Zusammenhang mit diesem Thema begegnet?

Hinderliche Glaubenssätze verändern

Oftmals sind Glaubenssätze verallgemeinernd formuliert. Das heißt, aus einzelnen Erfahrungen werden mit der Zeit übergreifend geltende Überzeugungen abgeleitet. Daher ist es hilfreich, die Formulierungen von solchen Überzeugungen zu überprüfen, zu hinterfragen und die Aussage zu konkretisieren.

Übung: Glaubenssätze konkretisieren

Nehmen wir als Beispiel den Glaubenssatz »Ich kann nicht Nein sagen«. Hinterfrage diese Aussage und überprüfe sie genau. Definiere, was sie für dich bedeutet. Dabei können folgende Fragen hilfreich sein:

- Fällt es dir generell in allen Lebenslagen schwer, Nein zu sagen, oder gibt es Ausnahmen?
- Hast du wirklich noch nie Nein gesagt? In deinem ganzen Leben?
- Betrifft es bestimmte Themen oder spezielle Situationen?
- Bei welchen Personen fällt es dir besonders schwer?
- Nimm deinen Glaubenssatz so lange auseinander, bis er kein allgemein gültiges Gesetz mehr ist, sondern du den Kern herausgearbeitet hast. Zum Beispiel könntest du zu dem Schluss kommen: »Es fällt mir schwer, Nein zu sagen, wenn mich meine Chefin zwischen Tür und Angel überfällt, um Hilfe bittet und mir eine Zusatzaufgabe aufdrückt.«

Übung: Glaubenssätze umformulieren

Verändere deinen Glaubenssatz nur um einen kleinen Schritt, sodass er etwas dienlicher wird, du ihn aber weiterhin glauben und fühlen kannst. Aus »Ich kann nicht Nein sagen« wird also etwa: »Ich kann Nein sagen, wenn ich genügend Zeit habe, um die passenden Worte zu finden.«

Notiere deinen leicht veränderten Glaubenssatz und entscheide, ab jetzt bewusst danach zu handeln. Damit du dich stets an deinen neuen Glaubenssatz erinnerst, schreib ihn dir beispielsweise auf ein Post-it und kleb ihn an den Badezimmerspiegel. Morgens und abends liest du dir nun diesen Satz durch und stellst dir vor, wie dein Leben aussieht, wie du dich fühlst und was du nun anders machst. Zum Beispiel wie ein Kollege mit einem Anliegen kommt und du – statt wie früher die Aufgabe einfach zu übernehmen – sagst, dass du darüber nachdenkst, und wie du ihm später mitteilst, dass du die Aufgabe nicht übernimmst.

Handle auch im Arbeitsalltag entsprechend. Kleb einen Haftnotizzettel an den Laptop, stell einen Hintergrund auf dem Smartphone oder Computerbildschirm ein, der dich an deinen neuen Glaubenssatz erinnert. Zum Beispiel: »Bevor ich Ja oder Nein sage, nehme ich mir ein paar Stunden Zeit, um in Ruhe zu überlegen, ob ich es machen werde.«

Übung: Glaubenssätze hinterfragen

Nehmen wir an, dein hinderlicher Glaubenssatz lautet, dass andere – sagen wir mal: deine Chefin – dich überschätzt und du gar nicht so kompetent bist, wie sie denkt. Suche ab sofort nach Beweisen, die diese Aussage entkräften. Wecke deine innere Miss Marple: Was spricht dafür, dass du kompetent bist und einen tollen Job machst? Führe zu diesem Zweck gerne ein »Beweistagebuch«, in dem du diese Belege schriftlich sammelst.

Unter Umständen hat der hinderliche Glaubenssatz durch das Konkretisieren, Umformulieren und Hinterfragen bereits an Kraft und Wirkung verloren und du kannst dir erste Schritte zu einem besseren Umgang mit dieser Situation oder Person überlegen.

Federleicht-Tipp: Deine Glaubenssätze und inneren Überzeugungen als solche zu erkennen und zu ändern, ist ein Prozess. Solltest du an irgendeinem Punkt nicht weiterkommen oder Schwierigkeiten haben zu identifizieren, welcher Glaubenssatz dich womöglich gerade blockiert, empfehle ich (Laura) dir, einen Coach deines Vertrauens aufzusuchen und gemeinsam weiterzumachen. An einigen Punkten kommen wir mit Selbstcoaching nicht weiter – auch ich nicht, obwohl ich Psychologin bin und die Tools auswendig kenne und anwende. Gönn dir die professionelle Unterstützung, um auf deinem Weg zur Federleicht-Expertin einen Schritt weiterzukommen.

MODUL 4

So wirst du deine eigene Feelgood-Managerin

Mir fällt immer wieder auf, wie liebevoll, rücksichtsvoll und verständnisvoll meine Kundinnen mit ihren Mitmenschen umgehen – mit sich selbst jedoch sind sie sehr streng und unnachgiebig. Ihre innere kritische Stimme dominiert. Wie du besser mit ihr umgehst, liest du in Modul 2. Dennoch reicht es erfahrungsgemäß nicht, diese Stimme einfach nur leiser zu drehen oder verstummen zu lassen. Es ist auch wichtig zu üben, in einen liebevollen Dialog mit dir selbst zu treten, dich um deine Bedürfnisse zu kümmern, dich zu trösten, zu ermutigen oder aufzubauen.

Google gab 2010 den Startschuss für die neue Positionsbeschreibung des Chief Happiness Officers, kurz CHO. Genauer: der Ingenieur und Motivator Chade-Meng Tan. Auch wenn man dort nicht von CHOs, sondern lieber von »Jolly Good Fellows« sprach. Ihre Mission ist es, die Arbeitszufriedenheit im Unternehmen zu erhöhen. Denn Arbeitszufriedenheit verhindert Fluktuation. Der Konzern hatte erkannt, wie viel Power motivierte und positiv gestimmte Mitarbeiter und Mitarbeiterinnen freisetzen. Zufriedene machen das Unternehmen happy, denn sie bleiben der Firma treu, sie haben weniger Krankheitstage, sie sind produktiver und kreativer. Career-Happiness motiviert! Eine positive Atmosphäre kann uns auf Wolke sieben schweben lassen. Tony Hsieh, Gründer des Online-Shops Zappos, legte seinem Bestseller *Delivering Happiness* genau diesen Gedanken zugrunde.[55]

Der Job deiner inneren Feelgood-Managerin

Leichtigkeit im Job kann also vom Unternehmen durch eine entsprechend gelebte Unternehmenskultur gefördert werden. Du solltest dich nur nicht darauf verlassen, dass das auch geschieht. Es ist ein wesentlicher Schlüssel zu mehr beruflicher Leichtigkeit, dir selbst nachsichtiger zu begegnen – wie eine persönliche Feelgood-Managerin.

Deine innere Feelgood-Managerin sieht das Gute in dir, sie ist wie eine liebe Freundin, die sich um dein Wohlergehen bemüht. Ihr Job ist es,

- dich zu bestärken, wenn du an dir zweifelst,
- dich zu trösten, wenn du von dir enttäuscht bist,
- dich darauf aufmerksam zu machen, was du alles gut gemacht hast, wenn du in der Suppe lauter Haare siehst,
- dich zu ermutigen, nach Lösungen zu suchen, wenn da mal wirklich lauter Haare sind (das kann ja durchaus vorkommen),
- dir zu versichern, dass du ein Mensch bist und keine Maschine, wenn dir ein dusseliger, vermeidbarer Fehler unterlaufen ist,
- dich auf deine Stärken und dein Können zu verweisen, wenn du dich unzulänglich fühlst,
- dir zu sagen, dass es okay ist, nicht alles zu können, du aber vieles lernen und dich verbessern kannst,
- dich daran zu erinnern, auf dein körperliches und seelisches Wohlbefinden zu achten, indem du genug Pausen machst, regelmäßig und ausgewogen isst, ausreichend trinkst, genügend Schlaf abbekommst – und Spaß am Leben hast!

Positive Fokussierung

Viele Selbstzweiflerinnen unterschätzen ihr wahres Potenzial und überschätzen die Aspekte, die sie nicht so toll an sich finden, und räumen damit Selbstzweifeln zu viel Raum ein. Daher ist es wichtig, dass du dich auf das Gute fokussierst, das du zu bieten hast. Dann wird dein Arbeitsleben bald federleicht.

Diese extreme positive Fokussierung magst du anfangs als Schönrederei empfinden. Zugegeben, sie hat den Beigeschmack übertriebener Selbstverliebtheit und fühlt sich an wie der Einstieg in eine narzisstische Störung. Aber dem ist nicht so. Mit der Zeit vermittelt dir dieser Perspektivwechsel ein positives Grundgefühl, und das ist wiederum die Basis für ein starkes Selbstbewusstsein, das dich gegen Nörgler und deine innere Kritikerin immunisiert.

Lisa, Vertriebsleiterin in der Gesundheitsbranche, hat eine Top-100-Liste schöner Fotos: romantische Sonnenuntergänge mit ihrem Liebsten, ein klatschendes Publikum nach einer ihrer Präsentationen, das Hochzeitsbild ihrer Tochter, die Bachelor-Urkunde ihres Sohnes, ein ziemlich körniges Schwarz-Weiß-Foto von einer geringen Geschwindigkeitsüberschreitung, über das sie schmunzeln muss, weil ihr das nur selten widerfährt.

All diese Aufnahmen lösen beim Anschauen gute Laune oder sogar Glücksgefühle aus. Ein schönes Gegengewicht zu den hohen Anforderungen, die der Vertrieb tagtäglich an sie stellt.

Übung: Im liebevollen Dialog

Alle drei Stunden hast du ab sofort ein kurzes Meeting mit deiner inneren Feelgood-Managerin. Stell dir dafür eine Erinnerung im Smartphone oder feste Termine im Kalender ein. Geh dann mit deiner Feelgood-Managerin in den inneren Dialog. Dabei können folgende Fragen hilfreich sein:

- Was ist ihr bisher Positives aufgefallen?
- Wofür lobt sie dich?
- Worin will sie dich bestärken und ermutigen?
- Oder welche tröstenden und mitfühlenden Worte hat sie für dich?
- Was rät sie dir im Augenblick für deine Gesundheit und dein seelisches Wohlbefinden? Eine Pause? Ein kurzer Spaziergang an der frischen Luft? Etwas zu essen? Eine Freundin anrufen und über deine Sorgen sprechen? Oder ist alles gerade gut, so wie es ist, und sie ermutigt dich liebevoll, so weiterzumachen?

Beispielsweise könnte deine Feelgood-Managerin zu dir sagen: »Es ist wirklich beeindruckend, wie viel Mühe du dir gibst und wie gewissenhaft du arbeitest. So eine Gewissenhaftigkeit legt nicht jeder an den Tag. Und ehe du jetzt sagst, dass das ja selbstverständlich ist: Nein, ist es nicht! Es ist so schade, wie du dich unter Druck setzt, sodass du deine tollen Ergebnisse gar nicht genießen kannst. Schau mal, was du schon alles geschafft hast, wie sehr du dich bemüht und wie viel Zeit du investiert hast. Die 80 Prozent, die völlig reichen, hast du doch schon geschafft. Und die letzten 20 Prozent: Ich bin mir sicher, es tut deinem Ergebnis keinen Abbruch, ob du den Text zentriert oder links eingerückt einstellst, die Schriftart Arial oder Cambria wählst. Oder diesen einen Satz, an dem du schon so lange sitzt und herumfeilst, einfach so lässt, wie er ist.«

Federleicht-Tipp: Unter Umständen klinkt sich deine innere Kritikerin in solchen Momenten dreist in euer Zwiegespräch ein und behauptet beispielsweise, dass du den Bericht aber unbedingt noch bis ins kleinste Detail ausarbeiten musst und gerade keine Pause verdienst. In dem Fall kannst du deine selbstkritische Stimme mit den Tools aus Modul 2 stoppen.

Komm neben diesem wohlwollenden inneren Dialog auch in Aktion. Wenn ihr zu dem Schluss kommt, dass du eine Pause brauchst, mach sie. Auch wenn deine innere Kritikerin rebelliert. Mach einen Spaziergang oder stell dich zumindest kurz ans offene Fenster und lass für fünf bis zehn Minuten frische Luft herein und die Seele baumeln.

Übung: Deine tolle Persönlichkeit

Halte dir im inneren Monolog regelmäßig vor Augen, was richtig gut an dir ist. Das gebetsmühlenartige Aufzählen deiner positiven Eigenschaften und Leistungen hebt deine tollen Persönlichkeitszüge hervor. Kritik und Selbstzweifel verschwinden dadurch natürlich nicht völlig, aber sie werden mit der Zeit keinen allzu dominanten Platz mehr in deinem Leben einnehmen. Sie sind nur noch ein Nebenschauplatz. Und das gibt dir ein gutes Gefühl!

Mit diesem Positiv-Labelling streichst du deine glänzenden Seiten heraus wie bei einem Luxus-Label. Du sollst bei deiner Einschätzung natürlich nichts dazudichten oder gar lügen. Aber das hast du ja auch gar nicht nötig. Konzentriere dich auf die Dinge, die dir gelungen sind oder andere gut an dir finden. Dieses positive Nachdenken ist ein wirksames Gegenmittel gegen selbstkritisches Kopfkino, das gerne bei jeder sich bietenden Gelegenheit dazwischengrätscht – oder es zumindest versucht. Lass dich nicht länger von deinen Selbstzweifeln sabotieren!

Federleicht-Tipp: Wenn dir der innere Dialog noch schwerfällt, bitte deine Liebsten, Sprachnachrichten aufzunehmen, in denen sie dir sagen, was sie an dir schätzen, worin sie deine Talente und Stärken sehen, was sie an dir liebenswert finden oder warum sie an dich glauben. Diese warme Dusche an liebevollen, bestärkenden und wohlwollenden Worten wird dir unfassbar guttun und dich stärken, wenn dich die Selbstzweifel mal wieder überfallen.

Übung: Deine schönsten 100 Fotos

Speichere mindestens 100 Erfolgs- und Wohlfühlfotos auf deinem Smartphone und sieh sie dir regelmäßig an. Lass dich von den positiven Gefühlen anstecken, die sie in dir auslösen! Was sind schon ein paar Selbstzweifel gegen 100 großartige Aufnahmen aus deinem ereignisreichen Leben? Mit dieser individuellen Fotostrecke hast du deine Emotionen besser im Griff, denn du kannst deine Stimmung damit positiv beeinflussen. Das geht recht leicht und fühlt sich einfach gut an! Es fördert deine Leichtigkeit und verbannt deine Selbstzweifel in den Hintergrund oder kann sie sogar auflösen.

Federleicht-Tipp: Als schöner Nebeneffekt reduziert deine persönliche Fotostrecke die selbstzerstörerische Lust am Vergleichen mit anderen Menschen, die es vermeintlich besser haben als du, weil sie schöner, beliebter, gesünder oder reicher sind. Du wirst beim Anschauen deiner Top 100 feststellen: Dein Leben ist toll! Diese Erkenntnis wird deine Self Compassion stärken, die dir sagt: »Ich kümmere mich jetzt mehr um mich!« Dieses achtsame Selbstmitgefühl macht dich großzügiger dir selbst gegenüber, sodass du dir Fehler und Misserfolge eher verzeihen kannst.[56] Das *Deutsche Ärzteblatt* hat es als Empfehlung auf den Punkt gebracht: »Möge ich freundlich zu mir sein!«[57]

MODUL 5

So schlägst du deinem Grübelmonster ein Schnippchen

Unsere Gedanken laufen blitzschnell und zum Teil wie automatisiert ab. Daher nehmen wir unter Umständen gar nicht wahr, dass unsere Gedanken abdriften und eine negative Bewertung der aktuellen Situation stattfindet. Und schon sind wir wieder mal mittendrin im Grübeln, das Gedankenkarussell dreht sich immer schneller und wir spüren irgendwann nur noch negative Gefühle wie Unsicherheit, Unzulänglichkeit oder Angst. Wir reagieren dann auf Basis dieser Negativspirale, ohne dass uns die Ursache und das Muster bewusst sind, die uns gerade behindern.

Nele zweifelt in letzter Zeit oft daran, ob sie den Erwartungen ihrer Chefin gerecht werden kann. Sie hat Angst, dass ihre Chefin denken könnte, dass sie nicht effizient genug arbeitet. Oder ihr Fragen stellt, die sie nicht beantworten kann. Sie will auf gar keinen Fall unprofessionell wirken. Auch wenn die Termine objektiv betrachtet gut verlaufen und ihre Chefin zufrieden ist, grübelt Nele jedes Mal, ob sie alles gut genug gemacht hat. Ihre Gedanken drehen sich ständig um kleine Randbemerkungen oder Änderungswünsche ihrer Chefin, die für sie der Beweis sind, dass sie nicht gut genug ist. Die lobenden Worte oder den zufriedenen Blick ihrer Chefin nimmt sie in solchen Situationen kaum wahr.

Reflexion: Nimm dir über den Tag verteilt ein paar Minuten Zeit und beobachte, was deine Gedanken momentan in dir auslösen. Stärken sie dich oder entmutigen sie dich? Helfen sie dir aus der aktuellen Situation heraus – oder malst du dir gerade ein Horrorszenario aus und dramatisierst?

Gedanken bewusster wahrnehmen

Du hast die Wahl: Du kannst deine Gedanken nutzen, um dich zu stärken, um entspannt, zufrieden und federleicht durchs Leben zu gehen. Oder du kannst dich dem Kreislauf der negativen Gedanken, der Zweifel und des Grübelns hingeben. Du kannst dich gedanklich klein machen, infrage stellen, oder du kannst trainieren umzudenken.

Übung: Das Gedankenkarussell stoppen

Wenn du dich beim Grübeln ertappst, ist es an der Zeit, diese Gedanken bewusst zu stoppen. Stell dir dazu vor, wie du die Hand vorstreckst, als würdest du jemanden aufhalten wollen. Oder stell dir ein rotes Stoppschild vor. Sag dann innerlich entschlossen: »Stopp! Diese Gedanken helfen mir gerade null Komma null. Sie sorgen nur dafür, dass ich ins Drama abdrifte!«

Mach dir noch einmal bewusst, was diese Gedanken bei dir auslösen. So fällt es dir leichter, dir die Erlaubnis zu geben, diese Gedanken zu stoppen. Atme anschließend ein paar Mal tief durch. Stell dich dafür am besten aufrecht hin und nutze deinen Körper, um eine kraftvolle Haltung zu aktivieren.

Federleicht-Tipp: Dich dabei zu ertappen, dass du gerade wieder grübelst und an dir zweifelst, ist erfahrungsgemäß schon die halbe Miete!

Übung: Feste Zeiten zum Grübeln

Eine weitere Möglichkeit, mit deinem inneren Grübelmonster in Zukunft besser umzugehen, ist, eine feste »Grübelzeit« und einen »Grübelort« einzuführen, zum Beispiel täglich von 12.00 Uhr bis 12.15 Uhr auf der Parkbank um die Ecke. In diesem Zeitraum und an diesem einen Platz darfst und sollst du aktiv grübeln. Dort kannst du deine Gedanken nach Herzenslust wälzen. Für den Rest des Tages ist aber grübelfreie Zeit angesagt. Solltest du dich beim Grübeln erwischen, sag dir selbst: »Stopp! Diesen Grübelgedanken werde ich in meiner Grübelzeit nachgehen.«

Übung: Das Grübeltagebuch

Vor allem wenn du abends im Bett liegst und dich deine Gedanken vom Einschlafen abhalten, weil sie lustig Karussell fahren und sich immer schneller drehen, ist ein Grübeltagebuch wunderbar: Sobald du dich beim Grübeln ertappst, stehst du auf, schnappst dir dein Grübeltagebuch, setzt dich ins Wohnzimmer und schreibst deine Gedanken auf. Schreibe sie einfach auf, so, wie sie dir in den Sinn kommen. Schreibe so lange, bist du all deine Grübel-Gedanken notiert hast.

Mit dem Ortswechsel verhinderst du einerseits, dass die Verknüpfung entsteht »Bett = Grübeln«. Andererseits ist erfahrungsgemäß der Gedanke, das kuschelige Bett zu verlassen, so unangenehm, dass es vielen hilft, das Grübeln direkt zu stoppen.

Gedanken als Konstrukte erkennen

Vielleicht hast du dich auch schon mal gefragt, warum einige Menschen selbstbewusst und scheinbar unerschütterlich durchs Leben gehen und sich Misserfolge nicht zu Herzen nehmen, bei Kritik gelassen bleiben, ihre Ziele verfolgen und an sich glauben – und auch alle anderen von sich überzeugen können. Die Wahrheit ist, dass sie nicht klüger sind oder mehr können als du oder sonst wer. Der entscheidende Unterschied ist: Sie nehmen sich und die Welt anders wahr, sie haben andere Denk- und Verhaltensmuster und bewerten Situationen anders. Das kannst auch du lernen! Zum einen indem du deine Glaubenssätze veränderst (mehr dazu in Modul 3). Zum anderen indem du beginnst umzudenken. Denn deine Gedanken sind ein wichtiger Schlüssel, um federleicht erfolgreich zu werden.

Mach dir bewusst, dass deine Gedanken nichts anderes sind als subjektive Konstrukte. Im Grunde sind sie Hirngespinste. Denn zwischen einer Situation und deiner Reaktion, also deinen Gefühlen und deinem Verhalten, passiert etwas: Du nimmst eine subjektive Bewertung vor, es ist deine höchstpersönliche Interpretation der Situation. Du siehst also alles durch deine individuelle Brille – und diese ist durch deine bisherigen Erfahrungen und die daraus resultierenden Überzeugungen und Einstellungen im Leben eingefärbt.

Ein Beispiel: Angenommen, du sitzt in einem Meeting. Eine Kollegin berichtet vor dem gesamten Team von einem Erfolg, den sie verbucht hat. Sie erklärt, welche Leistung sie abgeliefert hat und dass sie ihren Erfolg gerne mit dem Team teilen will.

Du könntest jetzt denken: »Ganz schön eingebildet. Warum muss die so damit prahlen? So viel Raum einnehmen. Wie unangenehm!« Diese Gedanken können Gefühle wie Fremdscham oder Missgunst in dir auslösen, oder vielleicht reagierst du auch genervt. Du könntest ebenso gut denken: »Ich sollte auch dringend mehr über meine Erfolge reden.« Oder: »Oh, wie cool ist das denn? Hammer Erfolg!« Du fühlst dich aufgrund deiner positiven Gedanken vielleicht ermutigt, freust dich, bist begeistert oder glücklich.

Du siehst also: Je nachdem welche Bewertung in dir abläuft, zeigst du unterschiedliche emotionale Reaktionen und handelst entsprechend.

Übung: Bewertungen bewusst machen

Um deine Gedanken zu verändern, ist es hilfreich, dir bewusst zu machen, dass du tagtäglich alles Mögliche bewertest: dich selbst und dein Verhalten, deine Mitmenschen und deren Verhalten, den Kollegen, der am Ende des Meetings alles bereits Gesagte wiederholt, das E-Mail-Postfach, das über 30 offene E-Mails hat, deinen Partner, wenn er die Zahnpastatube offen lässt, et cetera.

Erst deine Bewertung, etwa: »Warum muss der Müller immer am Ende alles wiederholen? So ein Wichtigtuer!«, löst deine emotionale Reaktion aus, nicht die Situation an sich. Das geschieht automatisch, ist etwas ganz Natürliches und hilft dir, Situationen schnell einzuschätzen – auch wenn diese Einschätzung nicht immer korrekt ausfällt.

Schauen wir uns anhand eines Beispiels an, wie die Beschreibung einer Situation im Vergleich zu einer Bewertung ausfällt:

- Beschreibung: »Peter runzelt die Stirn. Seine Augen sind zusammengekniffen. Die Mundwinkel zeigen nach unten. Die Lippen sind schmal aufeinandergepresst. Sein Gesicht verfärbt sich rötlich. Eine Ader pulsiert am Hals.«
- Bewertung: »Peter ist stinksauer auf mich!«

Es gibt klare Unterschiede zwischen einer objektiven Beschreibung von Peters Zustand und einer subjektiven Bewertung. Peter könnte natürlich sauer auf dich sein, aber es ist unklar, ob das wirklich stimmt. Vielleicht hat er private Sorgen, die ihn bedrücken, oder er hat eine schwierige Aufgabe zu lösen, die ihn belastet. Solange du ihn nicht fragst, bleibt deine subjektive Bewertung reine Spekulation. Die neutrale Beschreibung bleibt hingegen gleich.

Schärfe daher dein Bewusstsein dafür, zu bemerken, sobald du in automatische Bewertungen hineinrutschst. Wenn du etwas subjektiv bewertest, sagst du dir innerlich: »Bewertung!« Versuche dann, die Situationen stattdessen zu beschreiben.

Auf diese Weise machst du dir bewusst, welche Gedanken und Bewertungen dir in bestimmten Situationen durch den Kopf gehen und wie diese deine Reaktionen auf emotionaler und Verhaltensebene beeinflussen. Dieses Bewusstsein kannst du dann nutzen, um für dich zu reflektieren, wie du zukünftig gerne reagieren würdest und welche Sichtweise dir dabei dient.

Federleicht-Tipp: Die Erkenntnis, dass die Bewertung deiner aktuellen Situation lediglich deine individuelle Interpretation eines Reizes ist, eröffnet dir jede Menge Freiheit. Denn auch wenn du nicht immer Einfluss auf eine Situation oder einen Reiz hast, kannst du stets mitbestimmen, wie du darauf reagierst.

Übung: Gewohnte Denkmuster überprüfen und durchbrechen

Ein Perspektivenwechsel kann helfen, eingefahrene Denk- und Verhaltensmuster als solche zu enttarnen und anschließend neue Wege einzuschlagen. Für das Gewinnen neuer Sichtweisen kannst du dir Personen aussuchen, die dein Denken auf den Kopf stellen und deine eingefahrenen Denk- und Verhaltensmuster durchbrechen. Oder Menschen, die in deinen Augen zum Beispiel für Selbstvertrauen und Gelassenheit stehen, von ihrem Können überzeugt sind oder immer für sich einstehen.

Es können berühmte Personen sein, deren Einstellung und Haltung allgemein bekannt sind, Vorbilder oder auch Anti-Vorbilder, in die du dich leicht hineinversetzen kannst. Es können Personen sein, die du persönlich kennst, aber auch fiktionale Charaktere aus Büchern, Filmen oder Serien. Deiner Fantasie sind keine Grenzen gesetzt: der Dorfpfarrer, die 90-jährige Dame aus der Nachbarschaft, Donald Trump, Angela Merkel, Buddha, eine Kollegin, die du ganz furchtbar findest, eine frühere Chefin, die dein Vorbild war, deine beste Freundin, Donna Paulsen aus der Serie *Suits*.

Ganz wichtig: Es geht nicht darum, deren Denk- und Verhaltensmuster zu übernehmen, sondern diese als Anregung zu nutzen, um dir federleicht neue Blickwinkel zu erschließen.

Wenn dann mal wieder dein Grübelmonster hervorbricht, etwa weil du unsicher bist, wie du auf andere gewirkt hast, oder weil dich Versagensängste plagen, schlüpfe in eine dieser Persönlichkeiten und frag dich:

- **Alternative Gefühle:** Wie würde sich dein Vorbild/Anti-Vorbild in so einer Situation fühlen?
- **Alternative Gedanken:** Welche Gedanken hätte dein Vorbild/Anti-Vorbild in so einer Situation?
- **Alternative Bewertung:** Wie würde dein Vorbild/Anti-Vorbild so eine Situation bewerten?
- **Alternative Reaktion:** Wie würde dein Vorbild/Anti-Vorbild in so einer Situation reagieren?
- Und wie möchtest du gerne das nächste Mal reagieren?

Die Reihenfolge, in der du die Fragen durchgehst, ist nicht wichtig. Fang mit der Frage an, die du am leichtesten beantworten kannst und arbeite dich dann in Ruhe durch. Du kannst dir dazu natürlich auch gerne Notizen machen, wenn du magst.

Ein Umdenken einläuten

Veränderung bedarf viel Übung und Wiederholung. Es ist völlig normal, wenn es mal besser und mal schlechter klappt. Gib dir ausreichend Zeit, diesen neuen Weg für dich zu ebnen und deine Denk- und Verhaltensmuster allmählich neu zu programmieren. Stell dir das wie ein Sonnenblumenfeld vor, durch das ein breiter Weg führt – deine bisherigen, oft verwendeten Denk- und Verhaltensmuster. Diesen Weg zu nehmen, ist viel gemütlicher und einfacher, als sich einen ganz neuen zu bahnen! Doch indem du immer und immer wieder deine neuen Denk- und Verhaltensweisen an den Tag legst, bildet sich allmählich ein Pfad. Und aus diesem Pfad wird irgendwann ein Weg. Und während du immer öfter den neuen Weg wählst, kann der alte, bisher gewohnte Weg wieder zuwachsen und mit wunderschönen Sonnenblumen überwuchert werden, bis er gar nicht mehr zu sehen ist.

Mit der Zeit wird es dir immer leichter fallen. Du wirst deine Strategien, um negative Gedanken zu stoppen, immer schneller zur Hand haben. Du wirst dich immer schneller dabei erwischen, wenn du eine Situation oder dich selbst negativer bewertest als nötig. Du wirst immer achtsamer werden, neue Perspektiven testen, andere Verhaltensweisen ausprobieren, bessere Erfahrungen machen. Und all das wird wiederum dein Denken und Handeln beeinflussen, deine Selbstzweifel schmälern und dein Selbstwertgefühl stärken.

Übung: Motivation für das Umdenken

Damit du motiviert am Ball bleibst, schreib dir auf, warum es für dich wichtig ist, das Umdenken zu trainieren. Dabei können dich folgende Fragen inspirieren.

- Welchen positiven Einfluss hat es auf dein Leben, wenn du lernst, deine negativen Gedankenspiralen und Selbstzweifel zu stoppen?
- Welchen positiven Einfluss hat es auf deine Gesundheit und auf dein Wohlbefinden, wenn du optimistischer, gelassener und voller Selbstvertrauen durchs Leben gehst?
- Wo könntest du mit deiner neuen Einstellung in einem Jahr stehen?
- Was könnte passieren, wenn du alles so lässt, wie es gerade ist?
- Welche Auswirkungen hätte dies langfristig auf dich, dein Wohlbefinden und deine Karriere?
- Wo würdest du in diesem Fall in einem Jahr stehen?

Übung: Hinderliche Denk- und Verhaltensmuster identifizieren

Beobachte dich in den nächsten Tagen. Plane dafür gerne eine feste Reflexionszeit ein, zum Beispiel eine Viertelstunde direkt nach der Arbeit. Du kannst dir aber auch mehr Zeit dafür nehmen, wenn du willst.

- Geh deinen Arbeitstag in Gedanken durch. In welchen Situationen hast du dich unsicher, überfordert oder unter Druck gesetzt gefühlt? Wann warst du ängstlich, genervt oder verärgert? Beschreibe diese Situationen.
- Überleg dir, welche Gedanken dir durch den Kopf gegangen und welche Bewertungen in dir abgelaufen sind. Welche körperlichen Reaktionen hast du gezeigt, und wie hast du dich letztlich verhalten?

Diese Übung dient dazu, besser zu verstehen, welche individuellen Gedanken zu deiner emotionalen Reaktion und deiner Reaktion auf Verhaltensebene geführt haben. Dieses Bewusstsein hilft dir, langfristig umzudenken. Hier ein Beispiel:

- **Situation:** Jour fixe mit dem Chef. Haben einen wichtigen Bericht besprochen. Er hat zum dritten Mal einen Änderungswunsch.
- **Gedanken:** Das war ja mal wieder klar. Ich bin einfach zu dumm für den Job. Er hält mich jetzt bestimmt für komplett unfähig.
- **Emotionale Reaktion:** Enttäuschung, Wut, Unsicherheit.
- **Reaktion auf der Verhaltensebene:** Stundenlang über den Termin gegrübelt. Negative Selbstgespräche geführt. Wie verrückt den Bericht überarbeitet. Jedes Detail zerdacht.

Das Overthinking durchbrechen

Manchmal reicht es nicht, die Gedanken und Bewertungen nur zu stoppen, denn du landest immer wieder in der Negativspirale voller Selbstzweifel. Damit du dich nicht in diesem Drama verlierst, empfehlen wir dir, in Aktion zu kommen: aus deinem Kopf in den Körper. Sonst malst du dir weiter die schlimmsten Katastrophen aus oder hängst in der Vergangenheit fest. Du bist dann überall, nur nicht im Hier und Jetzt – aber genau da gehörst du hin!

Wenn du dich beim Overthinking – zu Deutsch: Zerdenken – ertappt hast, dich energisch unterbrochen hast und spürst, dass du jetzt eine Aktion brauchst, um endgültig aus dem Gedankenkarussell auszusteigen, kannst du die folgenden Übungen nutzen.

Übung: Komm aus dem Kopf in den Körper

Wenn du in einem akuten Stresszustand bist, kannst du in der Regel nicht gut denken. In dir läuft dann die klassische Reaktion von Kampf, Flucht oder Erstarrung ab. In stressigen Momenten ist körperliche Betätigung Gold wert! Lauf eine Runde um den Block, fahr Fahrrad, mach Hampelmänner oder was auch immer dich in Bewegung bringt. Power dich aus!

Übung: Finde ins Hier und Jetzt

Lenke deine Aufmerksamkeit bewusst, um im Moment anzukommen. Aktiviere alle deine Sinneskanäle, um aus deinem Kopf, der in der Vergangenheit oder in der Zukunft festhängt, wieder ins Hier und Jetzt zu finden: Was hörst du gerade? Was siehst du, wenn du dich umschaust? Was riechst du hier? Was spürst du auf deiner Haut, unter deinen Füßen? Was schmeckst du? Nimm dir für jeden Sinn ausreichend Zeit und atme währenddessen ganz ruhig ein und aus.

Übung: Happy Feeling!

Nutze die Kraft der Musik, um dich in eine positivere Stimmung zu bringen. Erstelle eine Playlist mit Songs, die Gefühle von Kraft, Mut, Hoffnung und Lebensfreude in dir auslösen und dich einfach vom Hocker reißen. Schüttle all die Anspannung aus deinem Körper und tanz ausgelassen durch den Raum – auch wenn du dir dabei ein bisschen albern vorkommst (es sieht dich doch niemand!). Mach dich locker!

Übung: Ruhig atmen

Nutze deinen Atem, um in deinem Körper anzukommen. Setz dich dazu hin und nimm eine bequeme Körperhaltung ein. Lenk deine Aufmerksamkeit auf deinen Atem und nimm ihn einfach nur wahr. Beobachte, wie er fließt. Versuch nicht, das Ein- und Ausatmen zu beeinflussen. Lass deinen Atem ganz natürlich kommen und gehen. Wenn du mit deinen Gedanken abschweifst und wieder ins Grübeln gerätst, lenk deine Aufmerksamkeit wieder sanft auf deinen Atem.

Übung: Aufmerksamkeit steuern

Nutze Aktivitäten, um dich im Hier und Jetzt wieder zu verankern. Du kannst zum Beispiel ein neues, anspruchsvolles Kochrezept ausprobieren. Das erfordert deine volle Aufmerksamkeit, und das Schnippeln ist wunderbar erdend. Ein Bild malen, im Garten eine Pflanze einbuddeln oder am Motorrad herumschrauben – all das unterstützt dich dabei, wieder in deine Mitte zu finden.

Übung: Von außen nach innen

Manchmal kann es helfen, durch äußere Ordnung innere Ordnung zu erzeugen: Räum in deiner Wohnung auf oder mach einen gründlichen Frühjahrsputz. Denn wenn wir im Außen aufräumen, fühlen wir uns oft innerlich auch aufgeräumter und klarer. So haben Putzen und Ausmisten gleich mehrere positive Effekte!

Übung: Im Austausch mit anderen

Du musst deine Sorgen nicht alleine mit dir herumschleppen. Vielleicht kennst du den schönen Spruch »Niemand ist eine Insel«. Wenn du gerade verzweifelt und unsicher bist, tausch dich mit Menschen aus, die dir wohlgesonnen sind. Wenn du überfordert bist oder von deinen Zweifeln überrollt wirst, kann es helfen, sich einer Vertrauensperson zu offenbaren. Die Zweifel auszusprechen, egal wie absurd oder peinlich sie dir vorkommen mögen, statt sie nur im Kopf mit dir herumzutragen, nimmt ihnen bereits einen großen Teil ihres Schreckens. Und du wirst vielleicht feststellen, dass viele deiner Vertrauten – ja, auch die, die in deinen Augen so selbstsicher, erfolgreich und wahnsinnig klug sind – ganz ähnliche Zweifel plagen wie dich.

Federleicht-Tipp: Je krampfhafter du versuchst, etwas hinzubekommen, desto weiter entfernst du dich von der erfolgreichen Umsetzung. Probiere daher in Ruhe die Übungen aus. Oder lass dich von unseren Vorschlägen inspirieren und finde deine eigene Methode. Tu das, was dir hilft! Am besten erstellst du eine Liste mit deinen Lieblingsübungen – quasi deinen persönlichen Anti-Grübel-Plan, den du immer zur Hand hast, wenn das Grübelmonster in dir wieder aktiv ist.

MODUL 6

So wirst du dein größter Fan

Aktuell ist dein »Selbstzweifelmuskel« vermutlich noch viel zu gut trainiert. Diesen möchten wir allmählich verkümmern lassen und gleichzeitig deinen »Vertrauensmuskel« stärken. Wir möchten dich dabei unterstützen, dein größter Fan zu werden und den Glauben an dich selbst zu stärken. Denn das Zweifeln hat genug Raum in deinem Leben eingenommen und dich mit destruktiven Fragen und Gedanken verunsichert! Es wird Zeit, deine innere Kritikerin und dein Grübelmonster in Rente zu schicken (siehe Modul 2 und 13). Oder zumindest in einen sehr, sehr langen Urlaub!

Reflexion: Ist dir bewusst, was du alles leistest? Bemerkst du, was du den ganzen Tag arbeitest und schaffst, oder liegt dein Fokus eher auf den Dingen, die du nicht erledigen konntest? Wie selbstverständlich oder bemerkenswert erlebst du dein Tun? Wie sehr bist du am Ackern, ohne es zu bemerken, weil es eben automatisch abläuft?

Die richtigen Fragen stellen

Bisher hattest du die negativen Fragen deines Grübelmonsters einstudiert und konntest stets auf sie zurückgreifen. Genauso kannst du aber auch trainieren, dir hilfreichere Fragen zu stellen.

Reflexion: Setz dich in Momenten des Selbstzweifels mit den folgenden positiven Fragen schriftlich auseinander:

- Welche Beweise gibt es, dass du diese Herausforderung meistern kannst?
- Von welchen Erwartungen darfst du dich lösen?
- Welche Personen kennst du, die weniger können als du und sich trotzdem dieser Herausforderung stellen würden? Was denken diese Menschen wohl in solchen Momenten über sich und ihre Fähigkeiten?
- Wie kannst du an die Sache herangehen, damit es klappt?
- Was hat dir in der Vergangenheit geholfen, wenn du in einer ähnlichen Situation warst oder dich so gefühlt hast wie jetzt?
- Wen kannst du um Hilfe bitten?
- Warum wirst du richtig gut sein?
- Warum wirst du es schaffen?

Übung: Das Schlussplädoyer

Wenn deine innere Kritikerin und dein Grübelmonster aus dem Urlaub nach Hause kommen wollen, aktiviere deine innere Anwältin und verweigere ihnen die Einreise! Schlüpfe in die Rolle deiner glühendsten Verteidigerin, die ihr Schlussplädoyer vorbereitet. Sie ist voller Leidenschaft für ihren Beruf und tut alles, um ihre Mandanten von falschen Vorwürfen reinzuwaschen. Sie ist felsenfest von ihrer Mandantin – also von dir – überzeugt!
Hier einige Fragen zur Orientierung:

- Warum liegen Personen, die an dir zweifeln, falsch? Welche Beweise gibt es? Welche Zeugen gibt es?
- Warum liegt deine innere Kritikerin falsch? Welche Beweise gibt es? Welche Zeugen gibt es?
- Warum bist du kompetent?
- Welche Stärken bringst du mit?
- In welchen Lebensbereichen wird besonders deutlich, wie klug/erfahren/kompetent/diszipliniert/schnell du bist?

- Welche Beweise sprechen dafür, dass du kompetent bist?
- Warum ist es nicht notwendig, alles zu wissen und zu können?
- Und warum weißt du genug?
- Welche Fakten werden von deiner inneren Kritikerin dramatisiert und überzogen dargestellt?
- Welche wichtigen Fakten, die für dich sprechen, wurden bislang unter den Teppich gekehrt und sollten in Zukunft besonders betont werden?
- Halte dein Schlussplädoyer anschließend laut vor einem Spiegel und verteidige dich vor dir selbst.

Übung: Erkenne deinen Wert

Makel sind kein Beweis dafür, dass du schlechter oder weniger wert bist als andere. Dazu gibt es eine in der Coaching-Szene beliebte Übung, die ich (Laura) dir ans Herz legen möchte: Nimm einen 50-Euro-Schein in die Hand – und zerknülle ihn. Wie viel ist er nach der Aktion wert? 50 Euro, richtig! Schmeiß ihn als Nächstes auf den Boden und spring darauf herum. Ja, du hast richtig gelesen! Und wie viel ist er jetzt wert? Immer noch 50 Euro, selbst wenn er verknittert und vielleicht sogar eingerissen ist, richtig? Wie du siehst, ein 50-Euro-Schein ist immer und stabil 50 Euro wert, sein Wert ist unantastbar. Und auch dein Wert ist unantastbar, ganz egal was du im Außen erlebst. Du bist und bleibst stets wertvoll!

Rahme deinen ramponierten 50-Euro-Schein gerne ein – und wenn dich jemand kritisiert, dir etwas Doofes passiert oder du etwas falsch machst, sieh ihn dir an und sag dir: »Mein Wert ist unantastbar!«

Übung: Das Leistungstagebuch

Ein Bewusstsein für deine Leistung, deine täglichen Aktivitäten zu entwickeln, ist ein wichtiger Schritt zu mehr beruflicher Leichtigkeit, die sich dann natürlich auch privat positiv auswirkt, weil du dich insgesamt entspannter fühlen wirst.

Ein Leistungstagebuch kannst du auf deinem Smartphone in der Notizen-App anlegen oder handschriftlich führen. Schreib dir einfach in Stichworten auf, was du den lieben langen Arbeitstag tust. Auch wenn dir die Dinge leichtfallen oder sie scheinbar selbstverständlich sind, wie die Spülmaschine in der Kaffeeküche aus- oder einräumen oder die kleine Zusatzaufgabe, die du eingeschoben hast, um deiner Kollegin aus der Patsche zu helfen.

Federleicht-Tipp: Keine Sorge, du brauchst dieses Tagebuch nicht für immer und ewig zu führen, das Ganze ist ja doch ein bisschen aufwendig. Aber es hilft dir eine Zeit lang dabei, dir vor Augen zu führen, was du tagein, tagaus so alles stemmst. Und wir könnten wetten, das ist viel mehr, als du gerade denkst! Führe es so um die zwei oder drei Wochen, um dein Bewusstsein zu schärfen. Natürlich darfst du es auch darüber hinaus weiterführen, wenn du möchtest.

Fähigkeiten, Talente und Stärken beleuchten

Da du vermutlich sehr lange sehr streng und kritisch mit dir warst, kann es sein, dass dir das nicht leichtfällt, deinen Blick auf deine Stärken zu lenken. Mach dir keinen Stress oder Druck – das ist kein Wettbewerb. Es gibt kein »Gut« oder »Schlecht«, kein »Richtig« oder »Falsch«.

Reflexion: Bei welchen Themen fragen dich deine Freunde, Kollegen oder deine Familie immer wieder um Rat? In welchen Situationen ist immer wieder deine Expertise gefragt? Welche Aktivitäten oder Tätigkeiten gehen dir leicht von der Hand und machen dir womöglich auch noch Spaß?

Übung: Eine grundlegende Stärkenanalyse

Du bringst von Natur aus Stärken und Talente mit. Oftmals bemerkst du diese nicht, weil sie für dich so normal sind. Viele deiner Fähigkeiten und Begabungen sind dir bisher nicht besonders aufgefallen, weil du sie automatisch nutzt. Deshalb hältst du sie für nicht erwähnenswert und gehst davon aus, dass es allen anderen auch so gehen muss wie dir. Daher widmen wir uns nun deinen Tätigkeiten im Job, denn auch dort findet sich Potenzial, um mit mehr Leichtigkeit deinen Berufsalltag zu meistern. Hier ein kleiner Fragenkatalog, um deine Stärken genauer zu beleuchten:

- Was zeichnet dich aus?
- Welche Fähigkeiten bringst du mit?
- Was kannst du gut?
- Was machst du besonders gerne?
- Welche Talente hast du?
- Welche Eigenschaften oder Merkmale schätzt du an dir?
- Was magst du an dir besonders gut leiden?
- Was macht dich liebenswert?

Diese Stärkenanalyse hilft dir, in der heutigen Leistungs- und Wettbewerbsgesellschaft zu bestehen. Gleichzeitig darfst du anerkennen, dass die Dinge und Ergebnisse, die dir leicht von der Hand gegangen sind, weil du beispielsweise deine Stärken einbringen konntest, genauso wertvoll sind, wie wenn du dich angestrengt fühlen würdest. Denn nur weil dir etwas leichtfällt ist, ist es nicht automatisch weniger wert. Es darf leicht sein!

Federleicht-Tipp: Wenn es dir schwerfällt, Antworten auf all diese Fragen zu finden, kannst du auch Menschen deines Vertrauens bitten, dir zu sagen, welche Fähigkeiten und Talente sie in dir sehen oder für welche Eigenschaften sie dich bewundern. Du kannst das Ganze auch mit einer Freundin zusammen machen und ihr könnt euch gegenseitig Impulse geben, was ihr an der jeweils anderen schätzt und toll findet. Du wirst staunen, was du alles über dich erfährst!

Übung: Macken und Fehler lieben lernen

Welche Macken versuchst du zu verstecken, welches Fehlverhalten versuchst du zu vermeiden? Du hältst dich zurück, aus Sorge zu viel zu reden und dich in den Mittelpunkt zu drängen? Keine Fragen zu stellen, weil du nicht doof wirken willst? Nicht groß zu träumen und deine Ideen zu teilen, weil du nicht naiv oder altklug wirken möchtest? Was erlaubst du dir nicht? Schreibe auf, was du dir nicht zugestehst.

Entscheide dich aktiv dafür, es dir ab jetzt zu erlauben und alle deine Seiten auszuleben! Denn du darfst auch mal schwach sein. Du darfst dich überfordert fühlen. Du darfst etwas nicht wissen. Stell dich dazu vor den Spiegel, schau dir in die Augen und sage dir: »Ich erlaube mir zu 100 Prozent, auch mal ... zu sein!«

Übung: Abwertung stoppen

Welches sind deine persönlichen Strategien, um deine Leistung abzuwerten? Überprüf mal, ob eine oder mehrere der folgenden Aussagen – im Wortlaut, aber auch sinngemäß – auf dich zutreffen:

- »Andere schaffen viel mehr.«
- »Meine Leistung war doch gar nicht so besonders.«
- »Das ist mir leicht von der Hand gegangen, das zählt nicht.«
- »Das war nur ein Zufall/gutes Timing/Glück.«

Stoppe dich möglichst schnell, wenn du eine davon anwendest. Sage dir: »Eine Leistung ist eine Leistung und zählt. Basta!«

Vorspiegelung künftiger Tatsachen

Die Kognitionspsychologie nennt die selbstkritische Verzerrung, wenn wir unsere Leistungen und unseren Status kleinreden, einen *Bestätigungsfehler*.[58] Dieser Sackgasse gilt es zu entkommen. Daher empfiehlt die Sozialpsychologin Amy Cuddy, den Spieß einfach umzudrehen.[59] Sie nennt es »Fake it, until you become it«, und wir möchten dich bitten, das auch einmal auszuprobieren.

Übung: Power-Posing

Verhalte dich wie ein selbstbewusster Mensch. Teste Power-Posen vor einem Ganzkörperspiegel, die zu dir passen. Tu so, als ob du megawichtig oder eine Superheldin wärst. Übe diese Posen, wenn du alleine bist, so lange, bis dieses Posing Teil deines Alltagshandelns geworden ist: *Fake it, until you become it!* Es ist alles eine Frage der Körperhaltung: aufrecht sitzen, Brust raus, gerader Rücken, Kinn leicht erhöht, den Blick konzentriert, eher raumgreifend die Arme neben den Körper postieren, eher sprungbereit am Konferenztisch sitzen und nicht in relaxter Beachclub-Haltung, die alles Mögliche vermittelt, nur eben keine Power!

Wiederhole dieses Verhalten so häufig, bis du deinen Bestätigungsfehler überwunden hast und dich nicht mehr kleinmachst, sondern groß fühlst.

Die Schönheit dieser Körperspannungsübung entfaltet sich mit den Wiederholungen. Anfangs fühlt sich das Power-Posing irgendwie affig und völlig übertrieben an. Mit der Zeit wirst du aber denken: »Diese Körperhaltung steht mir doch eigentlich ganz gut!« Natürlich machst du einen anderen Eindruck auf deine Mitmenschen, wenn du nicht defensiv und mit hängenden Schultern auftrittst, sondern mit breiter Brust, geradem Rücken und klarem Blick deinen Gesprächspartner fixierst.

Federleicht-Tipp: Wenn du die besten Power-Posen einmal direkt visualisieren möchtest, um sie einzustudieren, schau gerne einmal bei Amy Cuddy vorbei, die mir (Jens) in puncto Körpersprache immer eine tolle Lehrmeisterin war:
https://www.youtube.com/watch?v=Ks-_Mh1QhMc

Eine meiner (Jens) Kolleginnen praktiziert »Fake it, until you become it« mit ihren Studierenden im ersten und zweiten Semester, wenn diese voller Selbstzweifel vor ihr sitzen und sich fragen, ob sie den hohen Anforderungen genügen können. Sie wissen nicht, ob sie die Klausuren bestehen werden und die Wissenschaftsterminologie irgendwann verinnerlicht haben: Sekundäre Devianz, tertiäre Viktimisierung, Ambiguitätstoleranz, produktive Realitätsverarbeiter – die Liste der Fachbegriffe ließe sich unendlich fortsetzen.

Statt den Kopf in den Sand zu stecken, sollen sich die Studierenden zu Beginn ein bisschen schlaumachen, sodass sie erahnen können, was diese Begriffe ungefähr bedeuten. Und sie sollen sich trauen, ihr minimales Halbwissen sofort in die Vorlesung einfließen zu lassen. Auf diese Weise vollziehen sie die ersten Schritte in Richtung Nachwuchsakademikerin, auch wenn sie die Fachbegriffe noch gar nicht im Detail definieren können.

Die Mutigen melden sich in der Vorlesung und sagen: »Ich glaube, hier passt der Begriff der Viktimisierung.« Sie lesen dann die korrekte Definition vom Smartphone ab und wirken durch diesen Beitrag in den Augen aller anderen Studierenden schon ziemlich schlau. Zu Recht, denn sie wissen ja immerhin, wo die Definition im Netz steht, und sie haben den Mut aufgebracht, sie vor 150 Kommilitonen zu präsentieren. Meine Kollegin ist auf jeden Teilnehmer stolz, der sich auf »Fake it, until you become it« einlässt!

Dem Fake-it-Phänomen hilft die *Self-fulfilling Prophecy*, also die *selbsterfüllende Prophezeiung*: Wenn du dir schon zu Beginn komplizierte Fachbegriffe zutraust, werden die anderen deinen Mut würdigen. Das stärkt wiederum deinen Glauben an deine eigene Kompetenz. Du wirst weiterlesen, weitere Fachbegriffe lernen und verwenden und aus dem anfänglichen »Fake it« entstehen mit der Zeit weitere Kompetenzen. Der Schritt vom »Schlau-Tun« zum »Schlau-Sein« ist damit eingeleitet!

Federleicht-Tipp: Du solltest – trotz mangelnder Kenntnisse – immer sofort durchstarten, nicht nur im Studium, sondern auch im Job. Du wächst viel schneller in deine neuen Aufgaben hinein, und Tätigkeiten, die dich in der neuen beruflichen Position anfänglich stressen, erledigst du nach einer kurzen Eingewöhnungszeit mit einem müden Achselzucken und großer Lässigkeit.

Die Act-as-if-Methode

Solltest du dir jetzt schon vorstellen können, wohin deine Reise gehen soll und wie du gerne werden möchtest, kannst du die Act-as-if-Methode anwenden.[60] Das bedeutet, du verhältst dich heute schon so, als wärst du bereits die neue Person, zu der du dich entwickeln möchtest. Psychologisch betrachtet durchläufst du dabei idealtypisch drei Schritte: Anpassung, Identifikation und Internalisierung.

1. **Anpassung:** Du tust so, als ob du diese neue, selbstbewusste Frau bereits bist, wie eine Schauspielerin. Es fühlt sich also nicht wirklich echt an, aber es ist interessant. Es macht sogar irgendwie Spaß!

2. **Identifikation:** Allmählich fühlst du, dass diese neue Rolle ein Teil von dir wird, weil du sie für dich passend findest. Ja, so willst du sein! Du identifizierst dich mit dieser veränderten Frau.

3. **Internalisierung:** Du verinnerlichst diese neue Frau, du verschmilzt mit ihr. Du spielst sie nicht mehr – du bist sie!

Bei der Act-as-if-Methode können dir die folgenden Fragen helfen:

- Wie redet diese neue Person?
- Wie tritt sie auf?
- Wie würde sie sich kleiden?
- Wie würde sie entscheiden?

Spiele diese neue Persönlichkeit, sieh es als Learning by doing. Mach dich mit ihr vertraut, und störe dich nicht daran, wenn sich das Ganze zunächst gekünstelt oder holperig anfühlt. Du wirst schnell hineinwachsen, denn Übung macht die Meisterin. Wie bei einer professionellen Schauspielerin, die zunächst nur ihren Text lebt, dann ihre Kleidung, ihre Figur, ihre Haare der neuen Rolle anpasst, um dann anzufangen, diese neue Rolle zu leben, sodass das Umfeld sieht, dass sie sich gewandelt hat. Dieses Herangehen erhöht die Wahrscheinlichkeit, dass auch deine gewünschte Persönlichkeit mit der Zeit Gestalt annimmt.

MODUL 7

So entwickelst du Einsteckerqualitäten

Wenn du deinen Job seriös machst, löst das nicht nur Begeisterungsstürme aus, sondern auch Neid. Manche werden dich als Gefahr sehen, obwohl du das gar nicht beabsichtigt hast oder gar forcierst. Es könnte schließlich sein, dass du wegen deiner tollen Leistung befördert wirst – und andere eben nicht. Etwa weil du so solide arbeitest und weil sich Unternehmen zunehmend verpflichten, Frauen in Führungspositionen zu fördern, um die Gleichstellung voranzutreiben. Deine Chancen stehen gut, und das missgönnen dir vermutlich so einige.

Helena ist eine hoffnungsvolle Nachwuchspolitikerin, die gerade ihren Master absolviert, aber schon beratend für ein Ministerium in Berlin tätig sein darf. Die dortigen etablierten graumelierten Herren sind wegen Helenas Esprit, ihrer Schnelligkeit und ihrer manchmal wenig diplomatischen Direktheit regelmäßig »not amused«. Sie versuchen daher auch, diesen in ihren Augen unbequemen Neuling zu deckeln und kleinzuhalten.

Damit sie sich ihrer Größe bewusst wird und damit das auch so bleibt, berate ich (Jens) sie. »Think big, Helena! Wann wärst du eine Riesin? Wo wirst du maximal in 20 Jahren stehen?«, will ich von ihr wissen. Erst nach zwei Wochen bekomme ich ihre Antwort: ein Foto. Es zeigt sie am Pult einer Bundesministerin nach der Pressekonferenz, die sie begleitet hat. Das Namensschild hat sie ausgetauscht. Dort steht jetzt: Helena B., Ministerin im Bundesministerium für Familie, Senioren, Frauen und Jugend. Auf dem Foto zwinkert Helena frech. Sie strahlt über das ganze Gesicht und lacht über diesen kleinen Coup.

Ihre Spitzenkarriere in der Politik ist für sie offenbar gerade das erste Mal richtig greifbar. Das spüre ich, als ich das Foto betrachte, ganz deutlich. Ich werde ihr dabei helfen. Und wenn es dann so weit ist, werde ich Helena wählen, denn sie ist ein ganz feiner und hoch kompetenter Mensch!

Ohne Einsteckerqualitäten wirst du schnell mit Standardfloskeln ausgebremst, die dich klein und hilflos machen sollen:

- »Das geht hier aber nicht!«
- »Das haben wir schon immer so gemacht!«
- »Du musst das Rad hier nicht neu erfinden.«
- »Hast du denn gar keinen Respekt vor den Traditionen unseres Hauses?«
- »Du bist noch neu hier. Mach dich doch erstmal mit den Gepflogenheiten bei uns vertraut.«

Kommen dir solche Sprüche bekannt vor?

Superkräfte mobilisieren

Das Federleicht-Prinzip folgt einer optimistischen Anthropologie, also einem positiven Menschenbild, nach dem jeder Mensch Stärken hat, auf die er stolz sein kann. Wir glauben deshalb, dass Selbstzweifel, mit denen dich deine Mitmenschen zu füttern versuchen, total überflüssiger Mist sind, der dich im Job nicht weiterbringt. Mit einer guten Portion Optimismus, gepaart mit einem Augenzwinkern, gilt der federleichte Spruch: »Es wird nur die zum Superheld, die sich auch selbst für super hält!« Dieser Denkansatz öffnet dir die Tür zu deiner eigenen Größe und zu deinem Erfolg.

Reflexion: Achte nicht so sehr auf das, was deine Kolleginnen oder Vorgesetzte zu dir sagen, sondern miss sie an ihren Taten: Haben sie dir bisher in einer schwierigen Situation den Rücken gestärkt, oder haben sie dich im Regen stehen lassen? Bringen sie dir Wertschätzung entgegen, oder jubeln sie dir ein mieses Feedback im Meeting unter und schauen dann ganz unschuldig drein? Zeigen sie dir gegenüber unter vier Augen Verständnis, machen aber keinen Finger krumm, wenn du vor dem Team Unterstützung brauchst? Versprechen sie dir großspurig Hilfe, haben aber zufällig immer dann keine Zeit, wenn du ihre Unterstützung dringend benötigst?

Mithilfe dieser schnellen Analyse kannst du besser einschätzen, wer dich im Job unterstützen wird und wer eher nicht. Von Kollegen und Chefinnen, die keine Taten zeigen, hast du nichts zu erwarten. Das ist eine ernüchternde Erkenntnis, aber sie schützt dich vor enttäuschten Erwartungen. Kümmere dich daher lieber um deine Supporter, den Rest kannst du höflich links liegen lassen.

Ja, wir wissen schon: Das ist leichter gesagt als getan. Die Missgunst anderer wird dir jedoch nur dann deine berufliche Leichtigkeit nehmen können, wenn dir das passende Gegenmittel fehlt: Einsteckerqualitäten. Anders ausgedrückt: ein dickes Fell, das dich davor schützt, dir kritische Kommentare, unfaire Verhaltensweisen oder ausgrenzende Gesten zu sehr zu Herzen zu nehmen.

Federleicht-Tipp: Wundere dich nicht, wenn dein berufliches Umfeld komisch reagiert, wenn du anfängst, deinen Mitmenschen Paroli zu bieten. Denk lieber daran: Auch Missgunst muss man sich erst mal erarbeiten. Lass dich von den anderen nicht irritieren und mach dein Ding!

Übung: Energievampire identifizieren

Schau dir dein kollegiales und privates Umfeld genau an. Überlege, wer deine Selbstzweifel befeuert oder dein Selbstbewusstsein mit kritischen Bemerkungen schwächt. Zu diesen Menschen solltest du in Zukunft eine höfliche Distanz aufbauen, damit deren demotivierender Einfluss auf dich schmilzt wie der Schnee in der Sonne.

»Höflich« meint, dass du dich dezent von diesen Energievampiren zurückziehst. Das heißt, du folgst nur noch selten ihren Einladungen. Gehen sie in die eine Arbeitsgruppe, gehst du eben in eine andere. Wollen sie mit dir zum Mittagessen gehen, schiebst du ein wichtiges Kundengespräch vor und gehst nicht mit. Lädst du Freunde und Kolleginnen ein, bittest du sie nicht dazu. So schaffst du allmählich Distanz und minimierst ihren negativen Einfluss auf dich.

Übung: Deine schriftliche Abrechnung

Ich (Laura) möchte unbedingt mit dir eine Übung von den Psychologinnen Gitta Jacob und Laura Seebauer teilen:[61] Schreib einen Brief an die Personen, die nicht an dich geglaubt, zu viel von dir erwartet oder dir Unrecht getan haben. Vielleicht waren es deine Eltern, Lehrer, Mitschüler oder ehemalige Vorgesetzte, die in dir den Samen der Selbstzweifel gesät haben.

Diesen Brief sollst du natürlich nicht absenden, sondern dir einfach alles von der Seele schreiben. Nur für dich. Also, rede ruhig Klartext. Du verschaffst so deinen Gefühlen und deinen Bedürfnissen Raum – egal wie lange die Verletzung bereits in der Vergangenheit liegt. Verleihe deinen Bedürfnissen Ausdruck. Erlaube sie dir.

Hier ein paar Fragen zur Inspiration:

- Wie hat sich die Person dir gegenüber verhalten?
- Welche Gefühle hat dieses Verhalten in dir ausgelöst?
- Wie ging es dir in der Situation?
- Welche Auswirkungen hatte es auf deinen weiteren Weg?
- Warum lag diese Person falsch?
- Was hättest du von dieser Person gebraucht?
- Was hättest du dir gewünscht: Zuspruch, Akzeptanz, Vertrauen, Ermutigung oder Verständnis?
- Was hast du bereits erreicht, worauf du stolz sein kannst?

Nimm dir für deine Briefe ausreichend Zeit und sorge dafür, dass du beim Schreiben ungestört bist. Vielleicht erscheint es dir anfangs merkwürdig, dass du einen Brief an diese Personen schreiben sollst. Aber du wirst merken, dass es eine wohltuende Wirkung hat.

Nimm in dem Prozess Abschied von deinen Selbstzweifeln! Sag dir: »Ich lasse keinen Tag länger zu, dass ihr mich davon abhaltet, glücklich und selbstbewusst zu sein. Ich sage Nein, wenn ich Nein meine. Ich stehe zu meinem Können, vertraue mir und sehe, was ich alles schaffen kann!«

Eine lässige Haltung

In puncto Entspannung unter Druck hat mich (Jens) eine französische Managerin aus der Chemiebranche beeindruckt. Sie sollte über ihre neuesten Erkenntnisse vor einem Fachpublikum referieren. Eine halbe Stunde vor dem Vortrag, direkt nach dem Toncheck und dem Probelauf ihrer Präsentation, drehte sie noch eine Runde im firmeneigenen Garten – und verschwand spurlos. Wir mussten sie suchen und fanden sie auf einer Bank bei einem kurzen Nickerchen in der Sonne. Wir weckten sie hektisch, die Zeit drängte, aber sie streckte sich genüsslich und sagte nur: »Es ist ja so herrlich hier!« Wir stimmten zu und meinten dann aber, alle würden auf sie warten. Sie entgegnete: »Kann schon sein, aber jetzt mal keine Hektik. Bevor ich nicht da bin, geht es nicht los!«

Mehr Coolness geht nicht, oder? Diese Frau ließ sich einfach nicht stressen, trotz ihres eigenen Fehlers, eingeschlafen zu sein. Die Vortragsrednerin wirkte entspannt, souverän, cool, aber auch einen Tick arrogant. Routine und Berufserfahrung haben ihre Selbstzweifel auf Zwergenformat gestutzt. Ist das nicht herrlich? Das kannst du auch!

Pauline Clance nennt dieses Phänomen den *Top Dog Factor*, denn je mehr Routine wir entwickeln – und das passiert automatisch, je länger wir im Business sind –, desto seltener entwickeln wir Selbstzweifel.[62] Warum auch, wir haben das alles ja schon mehrmals erlebt. Wir wissen ungefähr, was auf uns zukommen wird. Erfahrung schlägt Stress! Also, sammle auch du Erfahrungen, und genieße es, wenn sie sich wiederholen. Der Genuss fällt dir leichter, je cooler du bist.

Ein dickeres Fell

Dezent arrogant? Das klingt irritierend und im normalen Berufsalltag brauchst du solch ein Auftreten auch nicht. Cool klingt da schon besser. Tatsächlich kann dir beides in Krisensituationen nützen, bei Umstrukturierungen, bei innovativen Aufgaben oder bei Tätigkeiten, die dich zunächst überfordern, bevor sie später, nach etlichen Wiederholungen, zur Routine werden.

Lara, die ein größeres Team in der Modebranche leitet, kann sich an eine Vielzahl von Aufgaben erinnern, denen sie sich trotz ihrer Selbstzweifel gestellt hat: Ihr mulmiges Gefühl wuchs jedes Mal an, je näher die Aufgabe rückte. Ihr Kopfkino addierte alle Gründe, die für ein Scheitern sprachen. Ein Teufelskreis des Unwohlseins! Lara war oft kurz davor, alles hinzuschmeißen und zu kneifen. Lampenfieber bis zum Schwindelgefühl tauchte vor der Präsentation der neuen Kollektionsentwürfe auf. Meist lief die Sache richtig gut, selten war ihre Performance mittelmäßig und so gut wie nie schlecht.

Lara macht diesen Job nun schon seit vielen Jahren und nach wie vor hat sie fordernde Aufgaben zu bewältigen, zum Teil in einer sehr engen Taktung. Doch mittlerweile stressen sie diese Herausforderungen nicht mehr, denn Lara hat sich die Erlaubnis zur dezenten Arroganz gegeben. So lenkt sie ihr Denken und Fühlen in hilfreichere Bahnen:

- »Wenn ich es nicht packe, wer denn dann?«
- »Ohne mich sind die hier doch wirklich aufgeschmissen.«
- »Lasst die Chefin mal ran …!«

Ihre dezent arrogante Haltung schützt Lara effektiv vor ihren Versagensängsten. Das funktioniert so gut, dass sie sich bei neuen Herausforderungen manchmal langweilt und den Nervenkitzel von damals, als sie alles Neue noch stresste, sogar ein wenig vermisst. Das waren große Gefühle! Heute ist dagegen eher professionelle Routine eingekehrt, das Ganze ist nicht mehr so emotional. Aber das ist auch irgendwie gut, denn den enormen Druck und das schwindelerregende Lampenfieber vermisst Lara überhaupt nicht.

Übung: Think big!

Überleg dir, welche anstehenden Aufgaben für dich eine oder zwei Nummern zu groß sind. Versichere dir dann ganz unbescheiden, dass es kein Zufall ist, dass diese schwierigen Aufgaben in deinem Bereich liegen. Der Grund: Die anderen trauen dir das nötige Lösungspotenzial zu. Und wenn du es nicht schaffst, wer denn dann? Sie sehen in dir großartige Dinge, die du vielleicht noch nicht erkennst. Aber sie haben Recht. Vertraue ihnen! Verdammt, du packst das, weil du etwas hast, nämlich das Talent, dass dir die Dinge einfach gelingen ...

Ist das jetzt eine Überhöhung? Oder ist das eine 1A-Motivationsrede, die den Fokus auf das lenkt, was zukünftig bei dir möglich ist?

Überhöhen und Abwerten

Eine Strategie, deinen Selbstzweifeln zu Leibe zu rücken, lautet, deine eigenen Fähigkeiten zu überhöhen und jene deines Gegenübers abzuwerten. Ist das nett? Nein! Ist das seriös? Eher nicht. Stört es irgendjemanden? Nein, denn die anderen bekommen von deinem Trick gar nichts mit. Und die entscheidende Frage: Funktioniert es? Ja, hundertprozentig!

Verena ist zu einem gut bezahlten Vortrag nach London eingeladen und soll dort vor hundert geladenen Gästen, überwiegend CEOs oder Eigentümer großer Konzerne, einen Vortrag halten. Dieses anspruchsvolle internationale Publikum spielt in einer wesentlich höheren Liga als Verena, die es immerhin zu einer angesehenen Institutsdirektorin gebracht hat. Aber Konzerne lenkt sie nicht, sondern »nur« ein Team mit zwei Dutzend Wissenschaftlerinnen und Forschern.

»Na, meinst du, du wirst das in England hinbekommen? Bist du sehr nervös?«, wird Verena von einem Kollegen gefragt.

»Nervös?« Sie schaut ihren Gesprächspartner verständnislos an. »Ich bitte dich, was ich da mache, ist doch Perlen vor die Säue werfen. Ich bin doch viel zu gut im Thema drin! Ich hoffe, die verstehen wenigstens im Ansatz die Komplexität meiner Präsentation, diese sogenannten Macher. Da wird so viel heiße Luft im Saal sein ...«

Sie erntet für dieses leicht arrogante Statement einen irritierten, aber irgendwie auch bewundernden Blick. Heiße Luft? Bei internationalen CEOs? Ist die Frau total irre? Nein! Sie spielt die Rolle der Arroganten, um ihre Unsicherheit und ihr Lampenfieber zu kaschieren. Und das gelingt ihr exzellent! Und Verena weiß natürlich ganz genau, was sie da treibt. Sie ist ja nicht dumm, ganz im Gegenteil.

»Weißt du«, gibt sie ihrem Vertrauten gegenüber zu, »ohne diese alberne Selbstüberhöhung würde ich mich nie auf diese Bühne trauen, um über meine Expertise zu referieren. Das ist schon ein herausforderndes Publikum!«

Federleicht-Tipp: Dezent arrogantes Denken kann ein guter Selbstschutz sein. Es hilft dir bei Anforderungen, bei denen du spürst, dass das Ganze vielleicht noch ein paar Nummern zu groß für dich ist. Und das ist gut, denn schließlich sollten dich gerade solche Aufgaben reizen.

Übung: Rede dich schön – mit den Fakten, die du zu bieten hast

Bist du in irgendeinem beruflichen Bereich richtig gut? Dann verrate es wohldosiert deinen Kolleginnen und Vorgesetzten. Sprich darüber. Nicht aufdringlich, nicht angeberisch, aber lass es dezent immer wieder einfließen, bis es alle mitbekommen haben.

Sei bitte nicht irritiert über diese Empfehlung. An anderer Stelle bitten wir dich ja darum, deine Lob-Liste im inneren Monolog immer wieder aufzusagen, aber bloß nicht mit anderen darüber zu sprechen (siehe Modul 13). Doch jetzt geht es um dein berufliches Know-how – und das musst du nach außen kommunizieren: Wenn du topfit im Bereich Digitalisierung bist, sag es. Wenn dir Konfliktschlichtung liegt, weil du die geborene Diplomatin bist, sprich darüber. Wenn du mit Zahlen sicher jonglieren kannst, sollten das die anderen wissen. Sie werden dich in Zukunft bei diesen Themen um Rat fragen, weil sie von deiner Expertise wissen und diese schätzen lernen.

Federleicht-Tipp: Verabschiede dich von falscher Bescheidenheit, fokussiere dich auf deine Fähigkeiten und betreibe gezielt Selbstmarketing im Job. Je länger du über deine Talente und Stärken nachdenkst, desto mehr Punkte dürften dir einfallen (siehe Modul 13). Lass dich dabei von einem Zitat der Boxlegende Mohamed Ali inspirieren: »Es ist schwer, bescheiden zu sein, wenn man so großartig ist wie ich.« Volltreffer! Humor hatte dieses Kraftpaket offensichtlich auch!

Souverän die Spielregeln bestimmen

Als Antonia ihre Stelle als Bereichsleiterin in einem Pharmaunternehmen übernimmt, schicken ihr die Kollegen anfangs ellenlange E-Mails. Manche meinen es gut mit ihr, denn sie wollen »der Neuen« die Probleme dezidiert schildern, bei denen sie um Hilfe bitten. Manche meinen es schlecht mit ihr und wollen ihre Probleme schlichtweg nach oben wegdelegieren. Soll sich doch »die Neue« um den Mist kümmern! Das spart ihnen selbst viel Zeit.

So oder so – das Lesen der vielen E-Mails kostet Antonia irre viel Zeit. Daher legt sie eine neue Regel fest: Zukünftig akzeptiert sie maximal fünf Zeilen lange E-Mails mit jeweils maximal zehn Worten pro Zeile, alles schön komprimiert und zusammengefasst. Sie stellt klar, dass sie ab sechs Zeilen Länge die E-Mails nicht mehr lesen, sondern direkt löschen wird.

Ihre Forderung wird – zu ihrer eigenen Verblüffung – innerhalb kürzester Zeit akzeptiert und umgesetzt. Ohne Proteste. Alle kommen in ihren E-Mails sofort auf den Punkt und Antonia muss deutlich weniger lesen. Herrlich, so ein Zeitmanagement!

Reflexion: Welche Spielregeln könntest du ändern oder neu einführen, um deinen Alltag federleichter zu machen? Was wäre für euer Miteinander sinnvoll und zielführend? Bitte bedenke dabei, dass du zum Beispiel als Team- oder Abteilungsleiterin die Regeln setzen darfst, die dir zusagen. Das ist ja eines der Privilegien, die du als Führungskraft hast. Du musst dir diese Gestaltungsfreiheit nur bewusst machen und sie umsetzen.

Vom Umgang mit Blendern und Besserwissern

Hoch qualifizierte Frauen beklagten auf dem Wirtschaftsforum der *Zeit* in Kitzbühel, am Schranner Negotiation Institute in München und am Gottlieb Duttweiler Institut für Wirtschaft & Gesellschaft in Zürich die Großspurigkeit mancher männlicher Kollegen. Diese Typen lieferten aus Sicht der Frauen maximal 70 Prozent Arbeitsleistung, traten aber auf, als hätten sie 120 Prozent geleistet. Diese Blender würden ihr großspuriges Geschwätz dann aber eher als »gelungenes Selbstmarketing« bezeichnen.

Den Führungsfrauen war es ein Vergnügen, diesen Hochstaplern Grenzen zu setzen und sie zu entlarven. Das gelang immer mit derselben Methode: Die Frauen stellten den Hochstaplern vor dem versammeltem Team, dem Vorstand oder auf der Fachtagung Detailfragen, deren Antwort ein Experte mühelos aus dem Ärmel schütteln könnte. Die Hochstapler mussten sie jedoch an ihre Assistenten verweisen, die dann stellvertretend antworten mussten. Ein peinliches Schauspiel nach dem Motto »Außen hui, innen pfui«. Eine Medienfrau fasste es im Gespräch mit mir (Jens) in Zürich in Anlehnung an Goethes *Faust* so zusammen: Sie wolle weniger Gretchen sein und mehr Mephisto – gerade im Umgang mit solchen Typen.

Dem Looping-Effekt entgehen

Besserwisser kritisieren andere gerne, halten sich aber mit Selbstkritik zurück. Das heißt, im Austeilen sind sie groß, Einsteckerqualitäten haben sie aber nicht zu bieten. Sie stoßen dich nur zu gerne mit der Nase auf deine Unzulänglichkeiten und erfreuen sich daran, deine Minderwertigkeitskomplexe und Versagensängste zum Wachsen zu bringen. Dabei gehen sie immer nach dem gleichen Schema vor: Sie fordern von dir mehr Perfektionismus, mehr Optimierung, einfach mehr von allem, sodass du letztlich an der Vielfalt ihrer Forderungen scheitern musst. Im Interaktionismus nennt man das übrigens den *Looping-Effekt*: Man provoziert eine Reaktion, also in diesem Fall deine Überforderung durch übertriebene Anforderungen und zu knappe Zeitvorgaben, um dann dein Scheitern zu kritisieren und dich wegen deines Versagens zu sanktionieren und noch mehr unter Druck zu setzen. Das ist eine fiese Strategie, auf die du in Zukunft nicht mehr hereinfallen solltest!

Es macht vielen Leuten geradezu Spaß, die Latte für andere zu hoch zu legen. Sie sind kleine Sadisten, die behaupten, nur das Beste aus dir herausholen zu wollen. Unserer Ansicht nach sind sie A…löcher. Dieses A-Wort haben sie verdient, denn sie haben den Willen, dir schmerzhafte Botschaften unterzujubeln mit dem Subtext: »Du genügst nicht und du wirst auch nie genügen! Du bist eine einzige Enttäuschung!«

Übung: Gegen Provokation gefeit

Cool sein heißt, dass du dein dickes Fell pflegst, um nicht beim kleinsten Gegenwind ins Zittern zu geraten. Das ist aber manchmal leichter gesagt als getan. Vor allem wenn dich Ärger aufwühlt, weil die Welt ungerecht zu dir ist, weil Kollegen dir die Schuld in die Schuhe schieben wollen, um von ihrem eigenen Versagen abzulenken, oder weil sie in dir endlich jemanden gefunden haben, an dem sie ihren Frust ablassen können. Sie hoffen, dass du ausflippst, denn sie wollen sich – böse formuliert – an deinem Elend ergötzen. Doch du allein entscheidest, ob du ihnen das gestattest oder sie ins Leere laufen lässt. Denn die schlimmste Provokation für den Provokateur ist das Ignorieren seiner Provokation!

Wie solltest du dich also verhalten? Die Antwort ist simpel: Rechtfertige dich nicht. Verteidige dich nicht. Weine nicht. Schau stattdessen während der Attacke aus dem Fenster oder auf dein Handy, entweder verträumt oder hochkonzentriert. Und wenn der Provokateur mit seinem dusseligen Kommentar fertig ist, sieh ihn an und sag trocken: »Sorry, ich war gerade nicht ganz bei der Sache. Was sagtest du gerade?«

Der Typ wird verblüfft und verärgert sein, denn er wollte dir Angst einjagen. Er wollte dich unter Druck setzen und deine Selbstzweifel verstärken. Doch anstatt zusammenzubrechen und das hilflose, geschockte Mädchen zu spielen, hast du ihm noch nicht einmal zugehört! Diese Kröte muss er erst einmal schlucken.

Egal wie zickig er jetzt reagiert, eines ist ihm durch deine Reaktion klargeworden: Du bist verdammt cool! Du lässt dich nicht von ihm aus der Fassung bringen, das hat er jetzt hoffentlich kapiert. Mag sein, dass es in deinem tiefsten Inneren ganz anders aussieht: Panik, Fluchtgedanken, Stress. Aber das weiß der Provokateur ja nicht. Dieses Mindset der Stärke solltest du beibehalten und deine Kollegen dazu bringen, deinen Spielregeln zu folgen. Spielregeln, die dir das Leben leichter machen.

Leistungen schlechtmachen

Besserwisser beherrschen noch eine weitere üble Kunst: das Schlechtreden guter Leistung durch übertriebene Kritik, gerne auch im Beisein anderer. Dabei machen sie auch gerne mal aus einer Mücke einen Elefanten. Unter diesem negativen Feedback leiden die Betroffenen. Es macht sie unglücklich, belastet sie und verstärkt ihre Selbstzweifel. Doch die Besserwisser interessiert das nicht. Sie schmücken Defizite anderer übergroß aus, daran ziehen sie sich hoch. Ihre Selbsterhöhung erreichen sie durch die Erniedrigung der anderen.

»Was? Du hast im ersten Jahr nur 220 000 Euro Umsatz gemacht? Warum hast du nicht auf mich gehört, dann hättest du die 250 000-Euro-Marke locker geknackt. Elisa, du musst mehr durchziehen. Denk nicht so viel nach. Mach einfach, was ich dir sage. Ich weiß doch, wie es läuft! Wenn du so weitermachst, verdrängen dich deine Mitbewerber vom Markt. Die können viel mehr in ihre Werbebudgets investieren. Da musst du noch viel wacher werden, du Träumerle!«, sagt der 31-jährige Daniel zu Elisa. Er ist mit 20 Prozent an Elisas Online-Firma beteiligt und nimmt sich daher das Recht heraus, sie so unter Druck zu setzen.

Elisa hat ein Lernprogramm entwickelt, mit dem man sich auf Instagram ein monatliches Taschengeld von bis zu 700 Euro dazuverdienen kann. Unglaublich viele Schüler, Lehrlinge, Bauarbeiter und Kassiererinnen haben sich deswegen das Programm gekauft. Dass Elisas Idee funktioniert, hat sich wie ein Lauffeuer in der Community herumgesprochen. Die 27-Jährige macht daher mit ihrem digitalen Business im ersten Jahr einen sensationellen sechsstelligen Umsatz – und muss sich von einem ihrer Investoren so einen Mist anhören? Wahnsinn!

Aber warum tut der Besserwisser ihr das eigentlich an? Ganz einfach: Weil er Elisa im Griff behalten will, weil er sie zu noch mehr Einnahmen treiben will und vor allem weil er an ihrem Business beteiligt ist. Daniel ist einfach geldgeil und will seine goldene Kuh noch mehr melken. Wenn Elisa jetzt nicht die Reißleine zieht, wird sie am Ende des laufenden Jahres vielleicht noch mehr verdient haben, aber auch mit einem lupenreinen Burnout am Boden liegen. Dann wird sie mit einem monatelangen Verdienstausfall wegen ihrer Arbeitsunfähigkeit leben müssen, der Anlass zu weiterer Kritik sein wird.

Elisa könnte durch den Druck dieses Besserwissers alle Leichtigkeit im Job verlieren. Eine Leichtigkeit, die ihr ja erst ihre tolle Idee zu diesem Online-Business ermöglicht hat. Sie sollte stattdessen lieber ihr eigenes Tempo bestimmen wie eine Marathonläuferin, die sich ihre Kräfte wohlüberlegt einteilen muss, wenn sie am Ende die komplette Distanz erfolgreich bewältigen will.

Zugegeben: Es ist nicht leicht, Besserwisser loszuwerden, denn sie treten mit ihren Botschaften selbstbewusst und überzeugend auf. Und diese Botschaften haben es in sich: »Wenn du machst, was ich dir empfehle, dann lieben dich alle!«, »Wenn du tust, was ich dir sage, machst du garantiert Karriere!«. Sie wissen definitiv zu locken, und ihre hinterhältigen Botschaften versprechen Sicherheit.

Dennoch: Entwickle lieber eine Besserwisserallergie, und wechsle vom Selbstzweifel zum Eigenlob (siehe Modul 13). Das ist wichtig, damit du dir zukünftig richtig viel zutraust. Dieses Zutrauen brauchst du im Umgang mit intriganten Kollegen, schwierigen Chefinnen und falschen Freunden gleichermaßen. Besser gesagt mit allen Menschen, die dir Arbeit aufbürden, die du nicht willst, die dir die Schuld in die Schuhe schieben, obwohl du nicht die Hauptverantwortliche bist, und die dich mit Forderungen konfrontieren, die du nicht erfüllen kannst oder willst.

Federleicht-Tipp: Halte Besserwisser auf Distanz, denn sie sind Energievampire! Versuche sie aus deinem Leben auszugrenzen oder wenigstens den Kontakt auf ein Minimum zu reduzieren und sie weitgehend zu ignorieren. Nimm ihnen möglichst jede Gelegenheit, dich mit ihren Optimierungsforderungen zu nerven. Das ist wichtig auf dem Weg zu mehr beruflicher Leichtigkeit, denn mit diesen anstrengenden Zeitgenossen im Gepäck wird es dir kaum gelingen, entspannt erfolgreich zu werden.

Übung: Besserwissern Grenzen setzen

Besserwissern kannst du am besten Grenzen setzen, indem du zwei Dinge tust:

- Du nimmst ihr dummes Gerede nicht ernst. Egal was sie von sich geben!
- Du bittest statushohe Kolleginnen oder Kollegen, mit dem Besserwisser ein Wörtchen zu wechseln mit dem Tenor: »Hör auf, an dieser Frau herumzunörgeln. Das wollen wir hier nicht. Die ist gut!« Du wirst dich wundern, wie viele Kollegen oder Kolleginnen bereit sein werden, dir auf diese Weise zu helfen – wenn du sie dazu aufforderst. Das musst du dich allerdings trauen!

Federleicht-Tipp: Setze Besserwissern konsequent und rigoros Grenzen, sonst bleiben deine guten Ideen auf der Strecke, weil sie dir ständig Knüppel zwischen die Beine werfen. Entspannt erfolgreich wirst du erst, wenn diese Nervensägen es nicht mehr schaffen, dich zu stressen. Bis dahin halten sie deine Gedanken mit ihrer übertriebenen Kritik gefangen und lenken dich von deinem eigentlichen Vorhaben ab.

MODUL 8

So gönnst du dir wohltuende und wohlverdiente Pausen

Pause machen, soll das ein Witz sein?! So ein Spruch hat dir gerade noch gefehlt … Ich (Laura) sehe dich förmlich den Kopf schütteln und die Stirn runzeln. Ja, du hast abartig viel zu tun, das haben wir verstanden. Aber wir meinen es tatsächlich ernst: Du sollst eine Pause einlegen, und das geht auch ganz einfach. Nämlich indem du Pause machst. Und zwar jetzt! Es ist so simpel. Das Einzige, was dir dafür noch fehlt, ist ein passendes Mindset – und das liefern wir dir gerne!

Eine Pause einzulegen, ist keine Schwäche. Es hat nichts mit Faulheit, Überforderung oder Bequemlichkeit zu tun. Pause machen ist einfach nur verdammt smart! Du weißt doch, was du kannst, dass du kompetent bist und jede Menge leistest. Also, gönn dir auch mal was! Dann kannst du ausgeruht und entspannt wieder voll durchstarten.

Sarah arbeitet als Referatsleiterin an einem wichtigen Projekt. Ihr Terminkalender ist voll, ihr E-Mail-Postfach quillt über. Das Erfolgserlebnis, es von 150 ungelesenen Nachrichten auf unter 100 geschafft zu haben, hält nur kurz an. Pling. Pling. Pling.

Es ist schon 14.30 Uhr und Sarah hat noch so viel zu tun. Ihre To-do-Liste wird gefühlt länger statt kürzer. Vom vielen Kaffee hat sie schon Herzrasen und ihr Magen knurrt so laut, dass ihr Kollege irritiert von seinem Schreibtisch aufschaut. Für die Mittagspause hatte sie einfach keine Zeit. Nur noch einmal die Zähne zusammenbeißen. Wenn sie die nächste E-Mail abgeschickt hat, will sie auf jeden Fall endlich mal kurz Pause machen. Doch dann klingelt das Telefon …

Nach Feierabend ist Sarah völlig ausgelaugt, hat hämmernde Kopfschmerzen und findet am Abend vor lauter Anspannung nur schwer in den Schlaf.

Was Sarah und viele andere Selbstzweiflerinnen und Perfektionistinnen kaum für möglich halten: Es ist möglich, sich mehr Zeit zu nehmen und dadurch entspannt, federleicht und vergnügt durch den Arbeitsalltag zu kommen. Der Dauerstress wird sich in Wohlgefallen auflösen – natürlich nicht sofort, aber Stück für Stück.

Keine Zeit für Erholung – oder doch?

Ich (Laura) beobachte immer wieder, dass viele den Versuch unternehmen, sich immer weiter zu optimieren. Da werden Ratgeber zu Produktivität gelesen, Listen geführt und Termine akribisch eingetragen. Doch immer mehr Produktivität und Optimierung machen nicht entspannt erfolgreich! Anstatt mit weniger Bällen zu jonglieren, wird alles gestrichen, was dem Wohlbefinden und der Entspannung dient, unter anderem Pausen.

Reflexion: Wie denkst du über Pausen – vor allem wenn du das Gefühl hast, von Aufgaben erschlagen zu werden, wenn du gefühlt 1000 Bälle jonglierst und dir fast der Atem stockt. Und du dir immer wieder sagst: »Nur noch ganz kurz/ganz schnell ...«. Kannst du Pausen genießen und dich ausruhen und entspannen? Oder überkommt dich schnell Unruhe, weil du doch eigentlich viel zu viel zu tun hast? Ein Gefühl, dass irgendetwas nicht stimmt? Dass du faul und zu unproduktiv bist? Oder nicht belastbar wirkst?

Es gibt dazu einen wunderbaren Sinnspruch: Wenn wir keine Zeit haben, eine Minute zu meditieren, dann sollten wir dringend eine Stunde meditieren. Das bedeutet, gerade wenn die Anforderungen steigen und der Stress zunimmt, brauchen wir unbedingt einen Ausgleich. Ansonsten fühlen wir uns schnell überfordert, als würden wir in einem Karussell sitzen, das sich viel zu schnell dreht. Wir sehen alles nur noch verschwommen, können kaum einen klaren Gedanken fassen. Wohlüberlegte Entscheidungen zu treffen, ist in diesem Zustand kaum noch möglich. Wir reagieren nur noch, und die Reizbarkeit und Fehleranfälligkeit nehmen zu. Darum ist es wichtig, dass wir gerade in solchen Phasen für kleine Oasen der Ruhe und Entspannung sorgen.

Pausen als Zeitfresser

Pausen erscheinen auf den ersten Blick nicht zielführend und wie ein weiterer Zeitfresser, der dringend vermieden werden sollte. Dabei sind sie essenziell für dich und deinen federleichten Erfolg! Warum? Lass es mich anhand eines Vergleichs erklären: Stell dir vor, du willst Muskeln aufbauen. Du trainierst deshalb wie verrückt jeden Tag ohne Pausen. Kurzzeitig wirst du einen Effekt merken. Langfristig wird sich der Muskel jedoch entzünden, anstatt weiter zu wachsen. Wenn du aber gar nicht trainierst, kannst du auch nicht erwarten, dass deine Muskeln wachsen. Es braucht das Zusammenspiel aus Reiz und Regeneration.

Die Autoren Andreas Hillert, Stefan Koch und Dirk Lehr erklären in ihrem Buch *Burnout und chronischer beruflicher Stress*, dass die Erholungsforschung nachgewiesen hat, dass Ermüdung überproportional zunimmt, wenn ohne Pause durchgearbeitet wird.[63] Das bedeutet auch, dass die Dauer, bis die aufgebaute Anspannung durch eine Regeneration wieder abgebaut wurde, ebenfalls überproportional zunimmt. Im Gegensatz dazu profitieren wir von den Anfängen einer Pause am stärksten, weil dann der Erholungseffekt am größten ist.[64] Auch in meiner Coaching-Praxis bestätigt sich diese Erkenntnis. Nach langen Tagen ohne wirkliche Pause erleben meine Kundinnen, dass ein Abschalten kaum mehr möglich ist. Ihre Gedanken kreisen und eine innere Unruhe begleitet sie.

Die Wenn-dann-Falle

Was dich womöglich davon abhält, Pausen in deinen Arbeitsalltag zu integrieren, ist die *Wenn-dann-Falle* – eines der vielen hinderlichen Denk- und Verhaltensmuster, die dich nicht nur in diesem Zusammenhang ausbremsen können. Das Prinzip ist schnell erklärt, und vermutlich kannst du die folgende Liste mit Beispielaussagen problemlos um eigene Einträge ergänzen:

- »Wenn ich die Präsentation hinter mich gebracht habe, gönne ich mir ausgiebig Zeit für mich.«
- »Wenn ich befördert worden bin, gönne ich mir endlich einen Urlaub.«
- »Wenn ich mich in meiner Beförderung genug bewiesen habe, schalte ich ein paar Gänge runter.«
- »Wenn ich alle E-Mails abgearbeitet habe, mache ich eine Pause.«
- »Wenn ich das Buch fertig geschrieben habe, habe ich wieder Zeit für ein Wochenende.«

Unter dem Strich wird also etwas, das für dein Wohlbefinden sorgen soll, an eine vorangehende Bedingung geknüpft. Doch dieses Vorgehen ist potenziell problematisch. Zum einen bleibt in vielen Fällen die Belohnung schlichtweg aus: Statt eine Mittagspause zu machen, gehst du direkt zum nächsten Punkt auf der To-do-Liste über. Und nicht nur im Business-Alltag, sondern auch privat werden Auszeiten und wohltuende Aktivitäten aufgeschoben: Statt endlich mal den neuen Roman zu lesen, muss noch die Küche aufgeräumt werden. Statt zum Yoga zu gehen, werden außerhalb der Arbeitszeit noch schnell E-Mails oder Anrufe von Kollegen beantwortet. Oder andere Verpflichtungen werden an die erste Stelle gesetzt. Außerdem entsteht der Eindruck, dass Dinge, die dem eigenen Wohlbefinden dienen, irgendwie »verdient« werden müssen. Oder dass sie weniger wichtig sind. Die Gefahr dabei ist, dass du dein Leben verpasst, wenn du all das, was dich im Herzen berührt und glücklich macht, auf später verschiebst. Bis es kein Später mehr gibt.

Reflexion: In welchen Situationen tappst du gerne mal in die Wenn-dann-Falle? Wie oft verschiebst du Dinge, die dir guttun oder Spaß machen, zugunsten deiner Arbeit? Und was verschiebst du: Pausen, Urlaub, den pünktlichen Feierabend?

Federleicht-Tipp: Tappe in Zukunft nicht mehr in diese Falle! Es ist wichtig, dass du auf dich achtest und nicht vergisst, dass du ein menschliches Wesen bist und kein Roboter.

Verändertes Mindset

Bei der Bemühung, Pausen sinnvoll in deinen Arbeitsalltag zu integrieren, kann dir ein ganzes Spektrum an Gedanken (und tiefer liegenden Glaubenssätzen) begegnen, die dich bei der Umsetzung sabotieren können:

- »Darf ich das überhaupt?«
- »Was, wenn ich faul wirke?«
- »Was, wenn ich mit meiner Arbeit nicht hinterherkomme?«
- »Was denken wohl meine Chefin und meine Kollegen darüber, wenn ich einfach eine Pause einlege?«
- »Ich verzichte lieber auf Pausen, dann kann ich früher Feierabend machen. Davon habe ich mehr.«
- »So erschöpft bin ich ja noch nicht. Da geht noch was. Ich kann noch durchhalten.«
- »Ich habe mir noch keine Pause verdient!«

Reflexion: Welche Unsicherheiten oder Sorgen hindern dich, Pausen zu machen? Fallen dir noch weitere vermeintliche Gründe ein, die gegen Pausen sprechen?

Übung: Pausen im Mindset verankern

Überlege dir positive Leitsätze, die dich bestärken, dir deine Pausen von Herzen zu gönnen und in deinem Mindset zu verankern, zum Beispiel:

- »Ich muss mir meine Pause nicht verdienen. Ich nehme sie mir.«
- »Ich bin viel produktiver, wenn ich mir regelmäßig Auszeiten nehme.«
- »Pausen machen hat nichts mit Faulheit zu tun.«
- »Auch ein Muskel wächst nur, wenn man trainiert und Pausen macht.«
- »Ich nehme mir meine Pause, bevor ich sie brauche. So bleibe ich den ganzen Tag frisch.«

Wir möchten dringend an dich appellieren: Du darfst nicht nur, du musst Pausen machen! Auch wenn deine innere Kritikerin dir etwas anderes einreden will. Pausen helfen dir, deinen Energieakku zu füllen. Und nein, das Ziel ist nicht, erst dann eine Pause zu machen, wenn du völlig erschöpft bist, sondern weit vorher, um deine Energie langfristig zu erhalten. Wenn du nur noch wie irre ackerst, nach Feierabend total erschöpft aufs Sofa fällst und alle erholsamen Aktivitäten aus deinem Leben streichst, entsteht ein Ungleichgewicht. Deine Arbeit nimmt zu viel Raum ein. Du musst aktiv gegensteuern!

Übung: Regelmäßig die Seele baumeln lassen

In der Praxis hat es sich bewährt, mehrere kleinere Pausen in den Arbeitsalltag zu integrieren. So regulierst du einerseits den Anstieg des Anspannungsniveaus und profitierst andererseits von dem Effekt, dass gerade zu Beginn der Pause deine Erholung besonders ausgeprägt ist.

Es gibt keine allgemein gültige Regel, wie oft und wie lange du Minipausen machen solltest. Betrachte es wie eine kleine Forschungsreise. Du darfst im Selbstversuch herausfinden, welche Dauer und Häufigkeit dir persönlich am meisten helfen. Vielleicht magst du stündlich 5 Minuten Pause machen. Vielleicht machst du aber auch lieber alle 90 Minuten eine 10-minütige Pause.

Federleicht-Tipp: Definiere einen Testzeitraum, um herauszufinden, was dir guttut, beispielsweise zwei Wochen. Lass dich über dein Smartphone oder deinen Kalender, über das Internet, spezielle Software-Lösungen oder Apps an deine Minipausen erinnern. Es geht aber auch »oldschool« mit einer Sanduhr – was noch dazu sehr ästhetisch aussieht.

Übung: Individuelle Pausengestaltung

Wie du deine Pause gestaltest, hängt von deinen persönlichen Vorlieben und deiner aktuellen Tätigkeit ab. Hier ein paar Vorschläge:

- Wenn du viel am Laptop oder Computer sitzt, kannst du beispielsweise aus dem Fenster in die Ferne schauen, das ist entspannend für deine Augen. Lüfte bei der Gelegenheit gleich mal durch! Du kannst auch aufstehen, dich recken und strecken oder ein paar Dehnübungen machen. Oder du gehst die Treppen rauf und runter, um dich zu bewegen. Noch besser: Geh raus ins Tageslicht!
- Wenn du im Job körperlich sehr aktiv und in Bewegung bist, nimm dir einen Moment, setze dich hin und atme durch. Oder du trinkst einen Tee – ganz achtsam und in aller Ruhe, vielleicht bei leiser Musik, die dich entspannt. Du kannst dich auch draußen auf eine Bank setzen, tief ein- und ausatmen und beobachten, wie dein Atem fließt und du immer mehr zur Ruhe kommst.
- Wenn du im Job sehr viel mit anderen sprechen musst – in Meetings, Telefonaten oder Videocalls, nimm dir Zeit für dich alleine und genieße einen Moment der Stille. Horche in dich hinein, was dir gerade gut tun würde: ein Glas Wasser? Frische Luft? Oder wie oben bereits geschrieben tief durchatmen und im Moment ankommen?

Du wirst überrascht sein, wie schnell die Zeit bis zu deiner nächsten Minipause vergeht! Zusätzlich wird dein Bewusstsein geschult, wie viel du arbeitest, wie fokussiert du bist und wie wenig Pausen du dir bisher erlaubt hast. Du wirst dich abends erholter fühlen und auch in der Zeit, in der du arbeitest, konzentrierter sein.

Federleicht-Tipp: Solltest du nicht direkt einen Effekt merken, lass dich davon nicht verunsichern. Wenn du in der Vergangenheit wenig Pausen gemacht hast und dich abends oder auch am Wochenende nicht mehr so gut erholen konntest, braucht es etwas Zeit, bis es sich wieder einpendelt.

Weitersagen erlaubt!

Wenn du Sorge hast, dass deine Kollegen denken könnten, du wärst im Faultiermodus, erzähl ihnen von deinem neuen Projekt »Minipause« und von den positiven Effekten. Nimm der Pause dadurch ihren verwerflichen Charakter, sozusagen im Sinne der gemeinsamen Selbstfürsorge, denn auch deine Teammitglieder profitieren davon.

Macht Pausen zu eurem Gemeinschaftsprojekt für einen federleichten Arbeitsalltag. Dann könnt ihr euch gegenseitig erinnern und motivieren. Das wäre ein toller Schritt in Richtung Job-Happiness!

Ganz wichtig: Wenn dich jemand nicht versteht oder deine Minipausen »affig« findet – bleib bei dir! Eine Botschaft hat, wie der Kommunikationspsychologe Friedemann Schulz von Thun so schön sagt, vier Seiten, unter anderem auch die Seite der Selbstauskunft.[65] Und so eine affige Aussage sagt eine Menge über dein Gegenüber aus! Also, verschenke nicht zu viel deiner wertvollen Energie auf Urteile und Bewertungen anderer Leute. Am Ende des Tages legst du fest, wie wichtig dir dein Feelgood-Management und deine Gesundheit sind. Trau dich!

MODUL 9

So erlebst du wieder mehr Freude und Spaß

Eva kommt spät von der Arbeit nach Hause. Mal wieder. Und ihr Kopfkino läuft ungebremst weiter: Was sie alles nicht mehr geschafft hat, obwohl sie extra länger geblieben ist (wie so oft). Was sie anders oder besser hätte machen sollen. Wie sie bei dem Gespräch mit dem Vorgesetzten hätte reagieren müssen. Was sie in nächster Zeit schaffen muss. Wie sie das alles stemmen soll.

Eigentlich wollte Eva schon lange mal wieder zum Yoga. Stattdessen quält sie sich wieder mal durch die Hausarbeit, damit alles picobello ist – falls jemand unerwartet zu Besuch kommt. Dann klingelt auch noch ihr Geschäftshandy. Echt jetzt? Der Chef hat »mal schnell« eine Frage. Mal wieder. Also, noch mal schnell den Laptop hochfahren und die Infos rausgeben. Eva ist frustriert. Sie isst schnell einen Happen, sinkt dann erschöpft aufs Sofa und guckt Netflix.

Und täglich grüßt das Murmeltier – am nächsten Tag geht alles wieder von vorne los.

Womöglich hast du dich in einigen Punkten wiedererkannt. Wenn ja: Sei nicht zu streng mit dir! Ärgere dich nicht darüber, wie es bisher gelaufen ist. Du bist auch nur ein Mensch! Und bei all den Anforderungen, die an dich gestellt wurden, hast du dich eben ein bisschen aus den Augen verloren. Erkenntnis ist ja bekanntlich der erste Schritt zu Besserung. Aber erholsam geht anders, da sind wir uns doch einig, oder?

Dein inneres Faultierchen

Im Leben geht es um Balance. Erlaube dir daher in Zukunft, es dir auch mal so richtig gemütlich zu machen, passiv zu sein, dich zurückzulehnen und deinem inneren Faultierchen nachzugeben.

Reflexion: Wie gut gelingt es dir zu relaxen, ganz und gar unproduktiv zu sein? Pünktlich Feierabend zu machen oder auch mal nicht erreichbar zu sein? An einem Samstag den halben Tag auf dem Sofa zu verbringen, zu lesen und Musik zu hören? Einen langen Spaziergang zu machen? Freundinnen zu treffen und ein Stück Kuchen zu genießen – oder auch mal zwei? Die Füße hochzulegen, den Haushalt mal liegen zu lassen und das Faulenzen zu genießen? Die Rede ist hier von all den Aktivitäten, die dir guttun und Spaß machen. Die dich erfüllen und dazu beitragen, dass dein Leben aus mehr als nur Arbeit besteht. Aus mehr als permanenten Verpflichtungen.

Übung: Die Spaß-Torte

Führe dir vor Augen, wie viel in deinem Leben aktuell von Verpflichtungen, vom Müssen und Sollen, geprägt ist. Nimm dir einen Zettel und mal das Ganze als Tortendiagramm auf. Es geht hier nicht um konkrete Zahlen. Lass dich von deinem Gefühl leiten, wie die Einteilung zwischen Pflicht und Lust ist: Wie viel machst du aktuell aus Spaß und weil es dir einfach guttut? Und wie viel, weil du dich dazu verpflichtet fühlst?

Na, wie ist deine Torte ausgefallen? Überwiegt die Müssen-Seite oder die Spaß-Seite? Natürlich hast du gewisse Verpflichtungen, denen du nachkommen musst. Dennoch: Wenn Müssen und Sollen in deiner Spaß-Torte überhand nehmen, kannst du dich schnell fremdbestimmt fühlen. Das raubt jede Menge Energie! Energie, die du brauchst, um entspannt und federleicht dein Leben zu genießen.

Um das Gleichgewicht wiederherzustellen, nimm dir ab sofort wieder mehr Zeit für die Dinge, die dir guttun. Ich (Laura) kann gut nachvollziehen, dass nach einer langen Zeit des Funktionierens in Vergessenheit geraten sein kann, was dir wirklich Spaß macht, was dein Herz zum Hüpfen bringt. Das macht aber nichts, denn das lässt sich leicht herausfinden oder wieder aus dem Gedächtnis hervorkramen.

Dem Spaß auf der Spur

Du bist im Arbeitsalltag meist im Machermodus, das heißt es geht um Spitzenleistung, Wettkampf, Anstrengung et cetera. Damit du dich lebendig und federleicht fühlen kannst, musst du für eine gute Balance sorgen. Du musst auch mal loslassen und einfach genießen können. Du darfst kreativ, intuitiv und spontan sein. Und auch mal passiv. Das ist so wichtig!

Übung: Deine spaßige To-do-Liste

Mit den folgenden Fragen kommst du deinen Lieblingsaktivitäten wieder näher:

- Was hat dir in der Kindheit und Jugend Spaß gemacht? Welchen Hobbys oder Aktivitäten bist du damals am liebsten nachgegangen?
- Was wolltest du schon immer mal ausprobieren und hast es aus Zeitmangel (oder sonstigen Gründen) immer wieder verschoben?
- Was hast du früher gerne gemacht und aus Zeitmangel (oder sonstigen Gründen) vernachlässigt?
- Welche Aktivitäten fallen dir ein, bei denen deine Kreativität und Fantasie gefragt sind?
- Welche Aktivitäten hast du bisher abgetan, weil du den Sinn nicht gesehen hast oder sie »albern« fandest, etwa Yoga, Meditation,

Kochen, Stricken, Wandern et cetera? Solange du es nicht wirklich getestet hast, kannst du nicht mit Sicherheit sagen, dass es dir nicht hilft. Verbau dir nicht die Chance, dass es genau das sein könnte, was dir gerade besonders guttut! Probiere etwas ganz Neues und für dich Ungewöhnliches aus. Danach kannst du es für dich bewerten.

- Welche Aktivitäten fallen dir ein, die körperlichen Einsatz erfordern und dir Spaß machen könnten, um dich richtig auszupowern?
- Welche Aktivitäten helfen dir, dich zu entspannen? Was könntest du in der Richtung einfach mal ausprobieren?

Erstelle im Anschluss eine Liste mit Dingen, die du in der nächsten Zeit ausprobieren oder wiederaufleben lassen willst. Wichtig ist dabei, dass du es dir nicht nur vornimmst und sagst: »Ich versuche, mir dafür Zeit zu nehmen«, sondern es auch wirklich tust! Vom Vornehmen allein hat sich noch nie etwas geändert. Also, schnapp dir, sobald du deine Liste erstellt hast, deinen Kalender. Such dir eine Aktivität aus und trag sie in deinem Kalender ein, vereinbare einen Schnupperkurs, melde dich im Sportverein an et cetera. Diese Zeit für dich ist genauso wichtig wie ein Termin mit dem CEO deiner Firma oder dem Kunden, von dem dein Kernumsatz abhängt. Denn du bist die Nummer eins in deinem Leben! Dieses Signal darfst du dir selbst senden, indem du die Zeit für dich zur obersten Priorität machst.

Leben nach dem Lustprinzip

Wir können uns gut vorstellen, dass du stark darin bist, die Zähne zusammenzubeißen, dich korrekt zu verhalten und dich zu kontrollieren. Aber für deine Balance ist es wichtig, auch mal loszulassen und die Kontrolle zu verlieren oder über die Stränge zu schlagen. Zu diesem Zweck führst du ab sofort deine »Intuitiv-Zeit« ein. Das ist ein Zeitraum, den du in deinen Kalender einträgst und dann Dinge machst, auf die du gerade spontan Lust hast. Du folgst einfach deinem Bauchgefühl, deiner Intuition. In diesem Zeitraum musst du nicht funktionieren oder dich disziplinieren, sondern darfst deinen Herzenswünschen nachgehen.

Übung: Zeit nur für dich

Schnapp dir deinen Terminkalender. Trag deine erste Intuitiv-Zeit fest in deinen Kalender ein. Die Dauer und Häufigkeit deiner Termine mit dir selbst bestimmst du allein und kannst sie auch jederzeit verändern und anpassen. Es gibt hier – wie so oft – kein Richtig oder Falsch. Es muss für dich stimmig sein. Du kannst auch gerne erst mal einen Termin eintragen und danach neu entscheiden, wann beziehungsweise wie oft du diese Zeit für dich haben willst.

Wenn deine Intuitiv-Zeit angebrochen ist, fühle tief in dich hinein: Worauf hast du jetzt gerade am meisten Lust: Spazieren gehen? Ein Buch lesen? Ein Eis essen? Ein neues Rezept ausprobieren? Ein Nickerchen machen? Es ist alles erlaubt. Alles, wonach du dich gerade sehnst. Such dir Aktivitäten, die dir guttun und die im Idealfall keinen Bezug zu deiner täglichen Arbeit haben.

Falls es dir nicht so leichtfällt zu identifizieren, was du gerade willst oder brauchst, nimm deine Spaß-Liste als Inspiration zur Hand. Lies dir die einzelnen Aktivitäten durch. Stell sie dir vor und fühle in dich hinein, ob das gerade das Richtige sein könnte. Das, wo es dich am meisten hinzieht, solltest du jetzt machen. Oder vielleicht kommt dir sogar etwas Neues in den Sinn!

Wir haben auch noch einige Inspirationen für dich, die beim Runterkommen helfen können: Bodyscan, Meditation, Blumen umtopfen oder im Garten arbeiten, auf dem Sofa liegen und Musik hören, ein verwöhnendes Schaumbad nehmen oder ausgiebig duschen, ein neues Backrezept ausprobieren und das Ergebnis genießen, einen Roman lesen, ein Bild malen, ein Puzzle machen, Nacken, Gesicht, Kopf oder Füße mit einem schönen Öl massieren oder noch besser: massieren lassen, eine unbekannte Strecke beim Spaziergang erkunden.

Federleicht-Tipp: Sollte dich anfänglich das schlechte Gewissen plagen, weil du vermeintlich wertvolle Zeit verplemperst, anstatt etwas Produktives zu tun – das ist gar nicht schlimm. Es ist für dich einfach noch ungewohnt, dass du wieder deinen Sehnsüchten nachgehst und dich so in den Mittelpunkt rückst. Gib dir etwas Zeit, um dich daran zu gewöhnen. Du wirst sehen, dass das schlechte Gewissen mit der Zeit immer kleiner wird und der Genuss immer weiter zunimmt. Viel Spaß beim Chillen und Relaxen!

MODUL 10

So setzt du deiner inneren Fleißbiene Grenzen

Stell dir mal vor, wie es wäre, wenn deine ganze Power uneingeschränkt in deine wirklich wichtigen Projekte fließen und du eins nach dem anderen erfolgreich abschließen könntest. Wenn du zwischendurch Zeit hättest, durchzuatmen und dich zu orientieren. All das kannst du haben – wenn du dich für dich entscheidest.

Nein zu sagen und damit unnötigen Ballast abzuwerfen oder sich gar nicht erst aufzuladen, ist ein echter Stresskiller! Es schenkt dir, wenn du es geübt und zur Routine gemacht hast, unfassbar viel Leichtigkeit. Das kann zu Beginn ungemütlich sein, keine Frage, denn du verlässt mal wieder deine Komfortzone. Es fühlt sich ungewohnt an, denn dein bisheriges Jasagen hat dir zwar viel Arbeit beschert, aber das war klar und vorhersehbar. Und es hat dich vor der Sorge geschützt, nicht belastbar, schwach oder rücksichtslos zu wirken. Auch wenn diese Sorge unberechtigt ist.

Was passiert, wenn du nicht Nein sagen, sondern lieber eine nette Jasagerin bleiben willst? Dann droht dir das Schicksal der unverbesserlichen Jasagerinnen: Sie verausgaben sich durch ihre ungebremste Hilfsbereitschaft. Sie steuern schnurstracks in die Überforderung, weil ihnen der Mut fehlt, anderen klare Grenzen zu setzen. Sie fressen viel Enttäuschung, Frust und Ärger in sich hinein, bis hin zum Magendrücken oder Magengeschwür. Sie sind weder entspannt noch erfolgreich. Sie sind gestresst und gefrustet.

Maren arbeitet als Teamleiterin Controlling in einem Konzern. Ihr anspruchsvoller, verantwortungsvoller Job verlangt ihr schon eine ganze Weile viel ab, und sie geht inzwischen regelrecht auf dem Zahnfleisch. Ständig kommen neue E-Mails, Anrufe und Anfragen von Kolleginnen und lenken sie von ihren eigentlichen Aufgaben ab. Aufwendige Fleißarbeiten landen irgendwie immer bei ihr, und wenn ihre Vorgesetzte sie bittet, noch eine Zusatzaufgabe zu übernehmen, kann Maren schlichtweg nicht Nein sagen. Sie möchte auf keinen Fall unmotiviert, überfordert oder – noch schlimmer – faul wirken. Geschweige denn ihre Chefin oder ihre Teammitglieder im Stich lassen, auch wenn ihr Arbeitspensum jetzt schon kaum zu bewältigen ist.

Eigentlich mag Maren ihren Job gerne. Aber so, wie es aktuell läuft, fühlt sie sich unzufrieden, genervt und überfordert. So kann es nicht weitergehen!

Ich bin ganz bei Maren und ihren Leidensgenossinnen: So sollte es nicht weitergehen. Und das muss es auch nicht! Es ist klasse, wenn du einen Job hast, der dir grundlegend Spaß macht. Doch wenn die Anstrengung zu groß wird, kann es passieren, dass die schönste Arbeit zur reinen Qual wird. Statt im Flow zu sein, absolvierst du dann einen endlosen Lauf im Hamsterrad. Die gute Nachricht ist, dass du schon mit kleinen Kurskorrekturen wieder in den Flow zurückfinden kannst.

Reflexion: Welche Gründe hindern dich aktuell, Nein zu sagen? Welche Gedanken gehen dir durch den Kopf, wenn jemand eine Zusatzaufgabe an dich heranträgt? Wie fühlst du dich in der Situation? Hast du Angst, überfordert oder schwach zu wirken, egoistisch zu sein oder andere im Stich zu lassen? Notiere deine Gedanken und Gefühle.

Federleicht-Tipp: Beim notorischen Jasagen sind oft deine selbstkritische Stimme und deine Glaubenssätze am Werk. Ihnen kannst du in Modul 2 und 3 auf den Zahn fühlen.

Überzogenes Arbeitspensum

Eine Ursache für die hohe Arbeitslast ist im Fall von Maren – und vielen anderen Selbstzweiflerinnen – schnell identifiziert: Ihr Pflichtbewusstsein ist zu stark ausgeprägt. Das merkt sie in Meetings, wenn es darum geht, notwendige, aber nicht wirklich wichtige Aufgaben zu verteilen. Diese landen auffällig oft auf ihrem eigenen Stapel. Wir alle kennen diese Momente zur Genüge: Es ist klar, dass jemand eine unliebsame Aufgabe übernehmen muss. Doch dann herrscht im Meeting plötzlich nur betretene Stille. Alle schauen auffällig konzentriert auf ihre Papiere oder starren ins Leere. Nur keinen Blickkontakt! Das könnte ja jemand als freiwillige Meldung interpretieren.

Maren hält diese Stille einfach nicht aus. Ihr Pflichtgefühl wird in solchen Augenblicken getriggert. Jemand muss sich eben »opfern«. Nur doof, dass es immer wieder sie ist und sie für ihren Extraeinsatz noch nicht einmal Dank erwarten darf. Im Gegenteil: Ihre Hilfe führt unter Umständen sogar dazu, dass sie von den anderen weniger ernst genommen oder gar ausgenutzt wird.

Federleicht-Tipp: Zwei Minuten Stille ertragen bedeutet oft, sich zwei Stunden Zusatzarbeit zu ersparen! Dieses Motto darfst du dir gerne zu Herzen nehmen. Wir sagen ja nicht, dass du nie wieder Zusatzaufgaben übernehmen sollst. Es darf sich nur nicht einbürgern, dass du für all diese Aufgaben automatisch zuständig bist.

Reflexion: Beobachte dich und das Verhalten deiner Kolleginnen und Kollegen in den kommenden fünf Tagen (oder auch länger). Wie oft landen Zusatzaufgaben bei dir? Und wie reagieren die anderen bei der Verteilung von Mehrarbeit? Wie gelingt es ihnen, dass diese nicht auf ihrem Tisch landen? Und wie verhalten sie sich dir gegenüber? Versuchen sie, dir Extraarbeiten unterzujubeln?

Es ist wichtig, dein Bewusstsein zu schärfen, wie sehr deine wichtigen Aufgaben unter einem Berg an »Zusatzgedöns« leiden. Du hast nur ein begrenztes Kontingent an Zeit, und du kannst deine Produktivität nur bis zu einem gewissen Grad steigern. Dafür gibt es zahlreiche Methoden wie Eisenhower-Matrix, Time-Boxing, Pareto-Prinzip, Pomodoro-Methode und vieles mehr, die ich hier aber nicht weiter vertiefen will. Doch ab einem gewissen Punkt helfen auch sie nicht mehr weiter. Wenn du acht Stunden Zeit hast, aber Arbeit für zwölf Stunden, weil du dir zusätzlich Dinge aufgeladen hast, kannst du dich noch so sehr strukturieren: Es ist und bleibt eine Minusrechnung, egal wie du es drehst und wendest. Du strengst dich an, um alles zu bewältigen, dein Stresslevel steigt. Du merkst, dass es nicht klappt, strengst dich daraufhin noch mehr an – doch dein Gefühl der Überforderung und Minderwertigkeit verstärkt sich weiter.

Viele meiner Klientinnen berichten sogar, dass sie das Gefühl entwickeln, sie wären nicht fleißig genug – obwohl offensichtlich ist, dass sie gerade 1000 Bälle gleichzeitig jonglieren. Dabei können sie nur verlieren. Ein solches Arbeitspensum ist übermenschlich, das packt niemand, schon gar nicht auf Dauer! Achte darauf, dass du dich nicht chronisch überlastest und auspowerst. Pass gut auf deine körperliche und psychische Gesundheit auf, das bist du dir schuldig!

Gegen chronische Überlastung

Denk daran, dass deine berufliche Laufbahn ein Marathon und kein Sprint ist. Wenn du chronisch überlastet bist, aber dennoch weiterhin perfekte Ergebnisse ablieferst, egal wie viel du dir selbst vornimmst und andere dir zusätzlich aufbürden, kann das auf Dauer nicht gut gehen. Es ist wichtig, dass du ein Arbeitspensum findest, das du langfristig durchhalten kannst. Sonst läufst du Gefahr auszubrennen, also in einen Burnout zu schlittern.

Je mehr du in die Überlastung gerätst, weil du dir zu viel aufhalst, desto mehr Fehler machst du. Deine Konzentration lässt nach und die Zeit, die du brauchst, um dich zu erholen, nimmt zu. Damit ist keinem gedient. Es ist kein Zeichen von Schwäche oder Bequemlichkeit, wenn du deine Grenzen kennst deine zeitlichen Kapazitäten smart einteilst. Es zeugt von Stärke, Eigenverantwortung und gutem Zeitmanagement!

Deine Mitmenschen, beruflich oder privat, sind darauf angewiesen, dass du ihnen sagst, wo deine Belastungsgrenzen liegen. Denn diese unterscheiden sich von Mensch zu Mensch. Sie können nicht verallgemeinert werden.

Reflexion: Was sind bei dir typischen Anzeichen, die du beobachtest, wenn du zu viel gearbeitet oder dich überfordert hast? Was hast du in der Vergangenheit beobachtet? Notiere diese, um rechtzeitig einzugreifen. Zum Beispiel: Deine Konzentration nimmt ab. Du bist schnell genervt und dir gehen auf einmal alle auf den Keks. Du schläfst schlechter oder denkst abends noch lange über die Arbeit nach, bist unruhig, hast Nackenschmerzen oder Kopfweh. Je genauer du deine Warnzeichen kennst, umso leichter kannst du intervenieren und rechtzeitig auf die Bremse treten.

Raus aus der Jasagerinnen-Falle

Gerade wenn du in der Vergangenheit oft Ja gesagt hast, musst du deine Mitmenschen langsam wieder »umerziehen«. Du musst eindeutig signalisieren, dass du ab sofort nicht mehr ihre Anlaufstelle auf den letzten Drücker bist. Also, sag regelmäßig Nein, schon aus Prinzip. Mach es deinen Mitmenschen nicht zu leicht, auch wenn du eigentlich Zeit hättest. Das ist nicht verboten, Ehrenwort! Tu es prophylaktisch zu deinem Wohl und aus pädagogischen Gründen. Sowohl um die anderen zu erziehen als auch dich selbst. Sie sollen sehr genau abwägen, ob sie eine Aufgabe nicht doch allein bewältigen können, ehe sie dich damit behelligen.

Du darfst dir die Erlaubnis geben, auch mal Aufgaben abzulehnen, die an dich herangetragen werden. Du bist deswegen nicht faul, und du wirkst auch nicht überfordert. Du darfst solche Grenzen setzen! Wenn deine To-do-Liste voll ist, ist deine Liste voll. Und selbst wenn da noch Platz ist: Du darfst Nein sagen. Sei dabei klar und deutlich.

Übung: Klare Ansagen machen

Klarheit in Kombination mit etwas Humor entschärft viele Situationen und gibt ihnen eine Prise Leichtigkeit. Hier ein paar mögliche Formulierungen, mit denen du höflich, aber bestimmt andere in die Schranken weisen kannst:

- »Du ahnst ja sicher, was jetzt kommt? So leid es mir tut, ich habe dafür keine Zeit.«
- »Auf die Gefahr hin, dass ich jetzt nicht mehr deine Lieblingskollegin bin, ich kann dir da gerade nicht weiterhelfen. Frag doch aber einfach mal [Name einsetzen].«
- »Du weißt ja, wie sehr ich so kleine Fleißarbeiten liebe. Spaß beiseite. So gerne ich dir dabei helfen würde, dass passt jetzt gar nicht.«
- »Dafür bin ich wirklich nicht die passende Ansprechpartnerin. Frag doch mal [Name einsetzen], der/die kann dir sicherlich optimal weiterhelfen.«

Federleicht-Tipp: Diese Floskeln kannst du einstudieren und auswendig abspulen, solange du noch an deinem »Selbstwertmuskel« arbeitest. Diese kleine Hilfestellung ist erlaubt – und jedes Mal gewinnst du mehr Sicherheit und Selbstvertrauen. Gib dir Zeit, den richtigen Ton und die richtige Dosis zu finden. Irgendwann klappt es dann auch schlagfertig mit deinen eigenen Worten!

Übung: Eindeutige Grenzen setzen und verteidigen

Du kannst das Neinsagen wunderbar mit Menschen üben, denen du vertraust. Das kann dein Partner sein, eine Freundin oder auch eine Kollegin, mit der du dich gut verstehst. Informiere deine Sparringspartner auch gerne im Vorfeld darüber, dass du ab jetzt übst, öfter Nein zu sagen. Dann können sie dich noch besser unterstützen.

Wenn es anfänglich ruckelt, ist das nicht schlimm. Dein neues Verhalten fühlt sich unsicher an, denn du weißt nicht, wie dein Gegenüber reagiert. Gib dir und deinen Mitmenschen Zeit, in die neue Situation hineinzuwachsen, dass du anders auf Anfragen und Bitten reagierst. Bisher waren deine Teammitglieder oder Vorgesetzte es nicht gewohnt, von dir Grenzen aufgezeigt zu bekommen.

Indem du ihnen zeigst, wo deine Grenzen sind, machst du es ihnen aber letzten Endes einfacher, dich zu verstehen. Denn die meisten Menschen gehen davon aus, dass ihnen jemand Bescheid gibt, wenn es zu viel wird. Solange das nicht passiert, denken sie, dass alles im Rahmen ist. Niemand kann in deinen Kopf schauen. Feedback zu geben und Grenzen zu ziehen, ist also für eine gute Zusammenarbeit essenziell.

Übung: Entscheidungen durchspielen

Du bist dir manchmal unsicher, ob du Ja oder Nein sagen sollst? Dann hilft dir vielleicht die folgende Entscheidungsstrategie, die wir dir anhand einer beispielhaften Situation näherbringen wollen.

Ausgangssituation: Es ist kurz vor Feierabend. Dein Kollege bittet dich um Hilfe bei einem wichtigen Projekt. Mal wieder. Er fleht dich regelrecht an, ihm aus der Patsche zu helfen. Ohne dich würde es für ihn sehr schwierig werden. Dein schlechtes Gewissen meldet sich sofort. Du kannst ihn doch nicht im Stich lassen, oder?

Schritt 1: Was folgt auf ein Ja?

Notiere alle kurzfristigen und langfristigen Konsequenzen, wenn du jetzt Ja sagst. Zum Beispiel:

- **Kurzfristig:** Dein Kollege freut sich über deine Hilfe. Du verpasst deine Yogastunde, weil du länger bleiben musst. Du ärgerst dich über dich selbst, weil du dich mal wieder hast überreden lassen. Aber du hast zumindest kein schlechtes Gewissen deinem Kollegen gegenüber.
- **Langfristig:** Dieser Kollege fragt dich in Zukunft immer wieder um Hilfe, weil er gelernt hat, dass du nicht Nein sagen kannst. Unliebsame Aufgaben landen noch öfter bei dir als bisher. Du

bist erschöpft, weil du so viel für andere arbeitest, und deine eigenen Projekte leiden darunter. Deine Liebsten sind sauer, weil du so oft Überstunden machst und sie dich so selten sehen. Und dich plagt ihnen gegenüber das schlechte Gewissen.

Schritt 2: Was folgt auf ein Nein?
Schreib alle kurzfristigen und langfristigen Konsequenzen auf, wenn du jetzt Nein sagst. Zum Beispiel:

- **Kurzfristig:** Du hast ein schlechtes Gewissen, aber es mischt sich mit Stolz, weil du Nein gesagt hast. Du gehst wie geplant zum Yoga und genießt den Feierabend im Kreise deiner Liebsten.
- **Langfristig:** Dieser Kollege fragt nun öfter andere Kollegen. Du hast ausreichend Zeit für deine eigenen Projekte und deine Work-Life-Balance ist im Gleichgewicht.

Mag sein, dass der Kollege, der an deine Tür klopft, ein – in seinen Augen – dringliches Problem hat. Du darfst ihm auch gerne helfen, aber eben nicht immer und nicht zu jeder Zeit. Und ja, es ist schmeichelhaft, dass er ausgerechnet dich um Hilfe bittet. Aber sei dir gewiss: Bei dem Problem können ihm auch andere behilflich sein. Und im Zweifel wird er auch selbst eine Lösung finden.

Das bedeutet: Du sagst ab sofort aus vollem Herzen Ja, wenn du helfen kannst und willst, und von ganzem Herzen Nein, wenn du es nicht kannst oder willst. Deine Kollegen werden dich aufgrund deiner klaren Haltung mehr respektieren und deine Arbeit wird dir leichter fallen, weil du deine Energie in wenige Projekte steckst. Nämlich deine eigenen.

Vorbereitet in die Diskussion mit dem »Endgegner«

Maren fällt es inzwischen leichter, Zusatzaufgaben vonseiten ihrer Kollegen souverän abzuschlagen. Aber eine »Endgegnerin« bleibt: ihre Chefin. Diese bindet Maren regelmäßig in Projekte ein und überträgt ihr Aufgaben, auch wenn Maren keine Kapazitäten mehr dafür hat. Allerdings hat sich Maren bisher nicht getraut, ihre Chefin vor den Kopf zu stoßen, und sie will auf gar keinen Fall einen schlechten Eindruck machen. Maren hat schon einmal das Gespräch mit ihrer Vorgesetzten gesucht und vorsichtig angedeutet, dass sie schon ziemlich viel zu tun hätte. Am Ende hat sie das Büro dennoch mit einer weiteren Zusatzaufgabe verlassen, die sie – wie immer – unter viel Stress und mit Mehrarbeit termingerecht fertiggestellt hat. Sehr zur Freude ihrer Chefin.

Wenn du dich auch schon in solchen Situationen wiedergefunden hast: Es gibt einen Ausweg! Du musst dich auf ein klärendes Gespräch mit deinem Vorgesetzten aber gut vorbereiten. Vage Andeutungen bringen dich nicht weiter, du musst Fakten schaffen.

Übung: Gut präpariert ins Gespräch

Notiere deine aktuellen Aufgaben und Projekte und den jeweiligen voraussichtlichen Zeitaufwand.

Suche dann das Gespräch mit deinem Vorgesetzten und besprich mit ihm, welche Projekte und Aufgaben du priorisieren sollst. Verdeutliche deine begrenzten zeitlichen Ressourcen, woran du gerade arbeitest und wie die derzeitige Planung aussieht. Das ist kein Zeichen von Schwäche, sondern Profi-Klartext! Es zeigt, dass du alles sehr genau im Blick hast, Prioritäten setzt, eigenverantwortlich arbeitest und mitdenkst.

Wenn es nun weitere Projekte zu integrieren gilt, soll die Führungskraft entscheiden, was am wichtigsten ist und als Erstes erledigt werden soll. Du holst dir damit gleichzeitig ihren Segen, dass andere Aufgaben hintangestellt werden, bis dafür wieder genügend Kapazitäten frei sind.

Nur Geduld

Ganz gewiss wird es auch bei aller Übung und Routine immer mal wieder Situationen geben, in denen du dir ganz fest vornimmst, Nein zu sagen, und es am Ende doch nicht tust. Mach dich deswegen nicht fertig. Verurteile dich nicht und schimpfe nicht mit dir. Das hilft dir nicht! Horche stattdessen in dich hinein.

Reflexion: Welche Gedanken und Bewertungen haben dich davon abgehalten, Nein zu sagen? Was war anders im Vergleich zu Situationen, in denen du schon Nein gesagt hast? Was könnte dir beim nächsten Mal helfen, Nein zu sagen?

Es wird ebenso immer mal wieder Situationen geben, in denen du Nein sagst und dich daraufhin dein schlechtes Gewissen plagt, weil du dir total egoistisch vorkommst oder das Gefühl hast, andere dadurch bitter enttäuscht zu haben. Dabei kann Reframing hilfreich sein. Statt zu denken: »Jetzt war ich total egoistisch und habe meine Kollegin vor den Kopf gestoßen«, ersetzt du deine Gedanken durch Folgendes: »Es ist okay, dass ich Selbstfürsorge betreibe. Es ist okay, wenn sich mein Gegenüber auch mal enttäuscht fühlt. Wir alle fühlen uns mal enttäuscht. Das ist kein angenehmes Gefühl, aber es ist ein Teil des Lebens.«

Federleicht-Tipp: Gib dir genügend Zeit, um das Neinsagen zu lernen. Du hast es ja lange Zeit anders gemacht. Fang also nicht direkt bei deinem persönlichen »Endgegner« an, sondern übe in Alltagssituationen und mit Menschen, bei denen es dir leichter fällt, ihnen Wünsche abzuschlagen. Steigere dich von Mal zu Mal und stärke so deinen »Nein-Muskel«.

MODUL 11

So reduzierst du unerwünschte Unterbrechungen

Störungen sorgen für maximale Anstrengung, denn besonders viel Energie erfordert der Beginn einer Aufgabe. Aufgrund von Ablenkungen musst du dich immer wieder aufs Neue einarbeiten: neue E-Mails, die optisch und/oder akustisch auf deinem Bildschirm aufpoppen, Anrufe von Kollegen oder Kunden, die »kurz« etwas von dir möchten, oder den Team-Chat, in dem sich die Kollegen austauschen und dir »schnell mal« eine Frage senden. Du hast so keine Chance, in den Flow zu kommen.

Reflexion: Beobachte dich eine Woche lang, während der Arbeit. Wie oft wirst du unterbrochen? Und wodurch beziehungsweise von wem? Notiere alle Störungen und Unterbrechungen. Überlege dir, welche sich in Zukunft vermeiden lassen und wie du das sicherstellen kannst.

Abwesenheit erlaubt!

Auch wenn es dir manchmal so erscheint: Du musst nicht immer direkt reagieren, sei es bei E-Mails, Anrufen oder Fragen. Deine Vorgesetzte, Kollegen und Kunden können durchaus einen Moment warten, wenn du gerade beschäftigt und demzufolge nicht erreichbar bist. Lass dir deine Zeit nicht mehr von Zeitdieben klauen!

Wenn du an Aufgaben arbeitest, die deine volle Konzentration erfordern, deaktiviere die E-Mail-Benachrichtigungen und sonstige Töne und Pop-ups, die dein Computer oder Laptop normalerweise von sich gibt, stell eine Rufumleitung am Festnetztelefon ein und aktiviere bei deinem Smartphone den Nicht-stören-Modus, schließe deine Bürotür und häng zusätzlich ein Hinweisschild für deine Kollegen auf, damit klar ist, dass du gerade beschäftigt bist und nicht gestört werden möchtest. Führe Telefonate und Gespräche dann, wenn du Zeit und Ruhe dafür hast und nicht aus falscher Höflichkeit.

Diese Maßnahmen erfordern zwar zu Beginn etwas Disziplin und vielleicht führst du mit einigen Kollegen die eine oder andere Diskussion darüber, aber du wirst überrascht sein, wie weit du mit diesen federleichten Modifikationen in kurzer Zeit kommst.

Übung: Höflich, aber bestimmt unterbrechen

Du findest dich immer wieder in ausschweifenden Telefonaten oder Flurgesprächen wieder und hörst dir alles geduldig an, weil du nicht unhöflich sein willst? Tu das nicht! Deine Zeit ist wertvoll. Trainiere, dein Gegenüber zu unterbrechen – das geht auch respektvoll und höflich. Hier ein paar Beispiele:

- »Ich unterbreche dich nur ungern, aber ich habe noch einiges zu erledigen. Wir sprechen ein anderes Mal weiter.«
- »Wenn es für dich passt, lass uns das gerne an einer anderen Stelle weiter vertiefen. Ich habe noch einen dringenden Termin.«
- »Ich würde liebend gerne weiter mit dir sprechen, aber ich muss jetzt wirklich weitermachen.«

Hol dafür Luft, richte dich auf (Stichwort: Power-Posing) und sprich deutlich, damit dich dein Gegenüber wahrnimmt. Und auch wenn es dir albern vorkommt: Übe deine Unterbrecher-Floskeln unbedingt im Vorfeld. Du kannst alleine vor dem Spiegel üben, mit einer Freundin oder deinem Partner.

Es kann dir anfänglich merkwürdig, ungewohnt und unhöflich erscheinen. Lass dich davon nicht verunsichern. Überleg doch mal, wie unhöflich es ist, wenn andere immer wieder ungefragt deine Zeit klauen. Triff den festen Entschluss: »Ich lasse mich ab sofort nicht länger einfach so vollquatschen, komme was da wolle!« Mit dieser Energie und inneren Klarheit schreitest du dann zur Tat. Du wirst überrascht sein, wie gut es funktioniert!

Fokussiertes Arbeiten für federleichten Erfolg

Entspannt erfolgreich wirst du nicht durch entspanntes Nichtstun, sondern durch fokussiertes Arbeiten. Erst aus dieser Anstrengung entsteht die Energie, die du für den federleichten Erfolg brauchst. »Wir nennen diese Gegenüberstellung von Zukunft und Realität mentale Kontrastierung [...] Dazu muss man sich nur vier Schritte merken, die wir in einem Akronym zusammengefasst haben, das wir WOOP nennen.« WOOP steht laut der Psychologin Gabriele Oettinger für Wish (Wunsch), Outcome (Ergebnis), Obstacle (Hindernis) und Plan.[66] Die dazugehörigen Fragen helfen dir, einen Weg einzuschlagen, der für dich passt:

- **Wish:** Was wünschst du dir wirklich? Nicht die Firma oder die Familie, sondern was willst du persönlich?
- **Outcome:** Was würde dir am meisten gefallen, wenn du diesen Wunsch umsetzen würdest?
- **Obstacle:** Was hindert dich am stärksten daran, diesen Wunsch umzusetzen? Wo liegt dein Haupthindernis?
- **Plan:** Wie könnte dein optimaler Wenn-dann-Plan aussehen, mit dem du das Hindernis überwinden könntest?

Bereits deine ersten Beantwortungsversuche erhöhen deinen Schutz vor einer zu unrealistischen Zukunftsperspektive, die nur Enttäuschungen auslöst und berufliche Leichtigkeit verhindert. Es geht bei dieser Fokussierung demnach nicht um den ganz großen Plan (»Ich möchte die berühmteste Unternehmensführerin der Welt werden!«), sondern um die Strategie der kleinen Schritte, die am Ende den Erfolg generieren!

MODUL 12

So wirst du sichtbarer und sagst deine Meinung

Viele meiner (Laura) Klientinnen wägen genau ab, was sie sagen und wie sie sich geben. Sie gehen es innerlich mehrfach durch und ihre Gedanken kreisen darum, weil sie unbedingt einen guten Eindruck hinterlassen und stets professionell wirken möchten. Sie wollen auf gar keinen Fall anecken oder sich irgendwie blamieren. Deshalb kontrollieren sie sich. Im Nachhinein gehen sie Gespräche oder Meetingszenarien in Gedanken mehrfach durch: Ob sie sich auch »richtig« verhalten haben. Ob sie wirklich nichts Peinliches oder Dummes gesagt haben. Oder anstrengend waren. Wie sie wohl auf die anderen gewirkt haben und was diese nun von ihnen denken. Ihre Anspannung nimmt dadurch noch weiter zu.

Celine traut sich in Meetings nicht, ihre Ansichten klipp und klar zu vertreten, oder in Diskussionen auch mal zu sagen, dass sie anderer Meinung ist. Sie traut sich genauso wenig, neue Ideen im Gespräch einzubringen – dabei hat sie jede Menge Einfälle, aber sie fühlt sich gehemmt und ist unsicher. Oft genug kommen ihr dann Kolleginnen zuvor und werden für ihre Ideen gefeiert. »Eigentlich ist es doch ganz einfach«, denkt Celine in solchen Momenten. »Andere tun es ja auch. Einfach mal die Meinung einbringen. Einfach mal sagen, was du denkst.« Doch sie kann nicht über ihren Schatten springen.

Hast du dich in manchen Punkten wiedererkannt? Puh, das ist jede Menge Stress und ganz und gar nicht federleicht! Sich anstrengen zu wollen und professionell zu verhalten, ist toll. Doch der Anspruch, alles richtig zu machen und immer im besten Licht dazustehen, ist utopisch (Stichwort: Perfektionismusfalle). Damit machst du dir enormen Druck und du kommst nicht voran, weil deine innere Handbremse angezogen ist.

Reflexion: Beobachte dich in den nächsten Tagen, wenn du dich in Meetings oder Gesprächen befindest, ganz egal ob privat oder beruflich. Wie sehr kontrollierst und zensierst du dich in dem, was du sagst? Wie oft grübelst du im Nachhinein über eine Situation und fragst dich, ob du dich »richtig« verhalten hast, ob es okay war, was du gesagt hast, begleitet von Schuldgefühlen, Scham oder Unsicherheit? Vor welchen Bewertungen hast du Angst? Was fürchtest du, könnte jemand über dich denken oder sagen?

Mehr Mut zur eigenen Meinung

Lass mich gleich eines klarstellen: Du bist klug genug! Du weißt genug. Deine Ideen und Meinungen müssen nicht nobelpreisverdächtig sein. Also, bring dich ab sofort ein. Teile deine Sicht der Dinge und deine Ideen den anderen mit. Gib dir die Erlaubnis, dass es nicht immer perfekt sein muss! Ja, deine Ansichten und Einfälle werden höchstwahrscheinlich nicht immer jedem gefallen oder für alle bequem sein. Das müssen sie aber auch nicht! Es ist okay, wenn du mal keinen Anklang findest. Du darfst enttäuschen, unbequem und auch mal anstrengend sein! Das ist Teil des Lebens und kann demnach immer mal passieren, ob gewollt, in Kauf genommen oder ungewollt.

Reflexion: Wie viele tolle Ideen oder wichtige Gedanken hast du nicht ausgesprochen oder jemand ist dir zuvorgekommen, weil du dich – aus welchem Grund auch immer – zurückgehalten hast? Wie oft bist du Menschen begegnet, die das genaue Gegenteil gemacht haben, die klipp und klar in ihren Aussagen waren und dabei auch mal unbequem? Einige haben dich vielleicht getriggert, und du hast im ersten Moment gedacht: »Wie unverschämt!« Doch womöglich bewunderst du die eine oder andere Person insgeheim für diese Fähigkeit, ihren Mut und ihr Selbstvertrauen.

Übung: Deine Sichtweise souverän vertreten

Wähle in den nächsten Tagen Situationen aus, in denen du übst, deine Meinung zu sagen oder deine Ideen einzubringen, ohne vorher alles endlos gedanklich zu prüfen. Es ist normal, dass du dich dabei unwohl fühlst, denn du verlässt – mal wieder – deine Komfortzone. Übe es in einem Kontext, der dich herausfordert, aber nicht überfordert, beispielsweise im privaten Umfeld oder im Gespräch mit einer wohlwollenden Kollegin.

Beobachte dich nach der Situation: Was geht in dir vor? Wie fühlst du dich? Nimm deine Gedanken- und Gefühlswelt wahr. Doch wenn du merkst, dass du anfängst zu grübeln, wie du auf andere gewirkt haben könntest und ob das alles so okay war, stopp dein Gedankenkarussell. Es ist, wie es ist! Du hast jetzt keinen Einfluss mehr darauf, wie die anderen dich sehen oder über dich denken. Atme tief durch und sag dir: »Egal, wie die anderen mich gerade finden oder was sie von mir denken, ich bin ganz unabhängig davon okay, so wie ich bin!«

Du wirst merken, dass es dir mit der Zeit immer leichter fallen wird, dich und deine Ideen einzubringen. Du wirst mit jeder kleinen »Mutprobe« wachsen und an Souveränität und Sichtbarkeit gewinnen.

Deine Persönlichkeit lieben und zeigen

Mach dir bewusst, dass du deinen Job bekommen hast, weil deine Firma an dir und deinen Fähigkeiten interessiert ist. Und nicht an einer überangepassten Version, die versucht, nicht aufzufallen. Du wurdest eingestellt, weil du überzeugt hast. Versteck deine Fähigkeiten und deine Persönlichkeit nicht, sondern mach sie sichtbar!

Fakt ist: Du kannst dich noch so professionell verhalten, du hast nur einen begrenzten Einfluss darauf, wie dich andere Menschen wahrnehmen. Du hast Einfluss auf die Botschaft, die du sendest, aber keinen Einfluss darauf, wie dein Gegenüber diese Botschaft empfängt.

Übung: Reframing in deinem Sinne

Bring Licht ins Dunkel und benenne als Erstes, wovor du Angst hast. Im zweiten Schritt findet ein Reframing statt. Denn es treffen dich nur die Dinge, die du selbst als etwas Negatives erachtest.

- Wirft man dir Arroganz vor, sag dir: »Ein bisschen Arroganz tut gut!«
- Wirft man dir Unprofessionalität vor, sag dir: »Super, endlich kommt meine Lässigkeit rüber!«
- Finden dich andere zu emotional, sag dir: »Wenn ›emotional sein‹ bedeutet, dass ich mich leidenschaftlich für dieses Thema einbringe. Ja, dann bin ich emotional.«

Dies ist ein wichtiger Schritt, dich mit deinen Schwächen auszusöhnen. Erlaub dir, ein Mensch mit Ecken und Kanten zu sein!

MODUL 13

So zollst du dir selbst und deiner Leistung gebührend Anerkennung

Solange du nicht selbst glaubst, dass du deine Erfolge verdient hast, bringt dir keine Auszeichnung etwas. Dann perlen Lob und Anerkennung an dir ab wie an einer Teflonbeschichtung. Du kannst Komplimenten nicht glauben und dir fallen unzählige Gründe ein, warum du eben doch nicht so gut bist, wie die anderen sagen. Dann bleibt das Gefühl, dass alle mehr können und erreichen als du, obwohl du tolles Feedback für deine Leistung bekommst.

Du musst lernen, deine Erfolge endlich anzuerkennen, zu feiern und selbstbewusst mit deinen Mitmenschen zu teilen. Also, setz dir eine Krone auf, denn du bist wundervoll! Und zwar nicht nur für fünf Sekunden, sondern dauerhaft.

Tanja ist Financial Managerin und fühlt sich oft erschöpft, weil sie sich so anstrengt. Denn sie fürchtet, dass sie komplett versagen wird, wenn sie auch nur ein kleines bisschen nachlässt. Oft ist sie ganz überrascht, wenn sie tolles Feedback bekommt. Sie kann es nicht so richtig glauben: »Der übertreibt doch maßlos. So besonders ist es doch nicht.« Wenn sie ein Projekt erfolgreich abschließt, kann sie sich nicht wirklich darüber freuen. Immerhin ist das ja ihr Job und damit selbstverständlich. Maximal ihrer harten Arbeit geschuldet.

Ein wichtiges Detail entgeht Tanja allerdings: Wenn jemand so zuverlässig abliefert wie sie, muss es sich um Kompetenz handeln. Erkennen kann sie das leider (noch) nicht.

Freude an der eigenen Leistung

Viele Selbstzweiflerinnen denken, dass Erfolge nur ihrer harten Arbeit und Anstrengung geschuldet sind. Damit gleichen sie schließlich ihre mangelnde Intelligenz und fehlende Fertigkeiten oder Erfahrung aus. Sie glauben, dass ihre Leistungen eher dem Zufall, Glück oder Vitamin B geschuldet sind oder die Ansprüche der anderen einfach zu niedrig waren. Und das positive Feedback? Ach, das war doch bestimmt nicht ernst gemeint und ohnehin völlig übertrieben!

Das ist ein hinderliches Denkmuster, das auf dem Kleinreden ihrer Erfolge basiert. Ich (Laura) erlebe im Coaching immer wieder Frauen wie Tanja, die sich anstrengen, die klug sind und es selbst nicht wahrnehmen. Die Großartiges leisten und es nicht bemerken. Die willensstark und bereit sind, über sich hinauszuwachsen, und das für stinknormal halten. Die sich mutig immer wieder ihren Ängsten stellen und trotzdem weiterhin von Unsicherheiten und Zweifeln geplagt werden, egal ob sie einen Vortrag halten, ein neues Projekt übernehmen oder ein neues Produkt entwickeln sollen. Sie schwanken zwischen dem Wunsch zu wachsen, sich zu beweisen, und der Angst zu versagen. Ihre Versagensangst treibt sie zu Höchstleistungen – Aktionismus, Perfektionismus, Kontrollwahn (siehe Kapitel 2). Durch eine maßlos übertriebene Anstrengung versuchen sie, die Kontrolle zu gewinnen, und glauben am Ende, nur deshalb erfolgreich zu sein. Dabei sind sie nicht wegen dieser Anstrengungen erfolgreich, sondern trotzdem.

Reflexion: Wie sehr kannst du dich an deinen Erfolgen und Leistungen erfreuen? Wie sehr glaubst du daran, dass du kompetent und klug bist? Und wie sehr ärgerst du dich über Misserfolge und Fehler? Freust du dich über die Anerkennung anderer, oder schämst du dich womöglich für externes Lob, weil du es für übertrieben hältst?

Übung: Vergangene Erfolge analysieren

Denk an deine drei letzten Erfolge, beispielsweise eine Beförderung, ein erfolgreich abgeschlossenes Projekt oder eine gelungene Präsentation, und mach dir Notizen zu folgenden Fragen:

- Was ist dir durch den Kopf gegangen, als du diesen Erfolg erzielt hast? Und wie denkst du heute darüber?
- Was glaubst du, warum du diesen Erfolg erzielt hast? Zum Beispiel Können, Intelligenz, reine Anstrengung, Zufall, gutes Timing, pures Glück, Vitamin B.

Indem du dir das Muster bewusst machst, nach dem du bisher auf Erfolge reagiert hast, kannst du für dich bessere Wege entwickeln, sodass du erkennst, wie viel du schaffst und wie viel du kannst – und deine Spitzenleistungen gebührend würdigst.

Übung: Eigene Leistungen anerkennen und würdigen

Nimm dir erneut deine drei beispielhaften Erfolge vor und untersuche deine Leistungen auf jeden noch so kleinen Hinweis, was sie mit dir persönlich und mit deinem Können zu tun haben:

- Welche Rolle spielten deine Fachexpertise und deine Berufserfahrung dabei?
- Hättest du ohne dein Wissen und deine Kompetenz dieselben Ergebnisse erzielt?
- Welche deiner Stärken und Talente sind dir dabei zugute gekommen?

Ist der Aufwand, den du dabei betrieben hast, wirklich notwendig gewesen – oder hättest du ein ähnliches Ergebnis auch mit weniger Einsatz geschafft?

Diese Vorgehensweise hilft dir dabei, dir bewusst zu machen, dass deine Erfolge und deine hervorragenden Leistungen etwas mit dir persönlich, mit deiner Intelligenz und mit deinem Können zu tun haben. Am besten untersuchst du deine künftigen Erfolge genauso! Es ist wie beim Muskeltraining: Du wirst von Mal zu Mal stärker.

Übung: Fokus auf Erfolge

Es kann durchaus sein, dass es dir gar nicht so leicht fällt, auf deine bisherigen Erfolge zuzugreifen, weil du sie gar nicht als solche gesehen hast, sie dir quasi durchgerutscht sind oder du sie vergessen hast. Aber eins ist sicher: Du hast in deinem Leben mehr erreicht, als du glaubst. Dein Fokus liegt nur aktuell noch nicht darauf. Das kann und muss anders werden!

Setz dich mit den folgenden Fragen gründlich und tiefgehend auseinander.

- Was hast du bereits alles in deinem Leben gelernt?
- Welches Wissen hast du dir angeeignet?
- Welche Ausbildungen, Weiterbildungen und Abschlüsse hast du?
- Was hast du bereits geschafft, obwohl du Versagensängste hattest?
- Welche Hindernisse hast du in deinem Leben schon überwunden?
- Warum ist das alles nicht selbstverständlich?

Und wie hast du all diese Erfolge gefeiert oder gewürdigt? Zoome dabei heran, um jeden Erfolg in seinen Teilschritten zu würdigen. Schreib also nicht einfach nur »Schulabschluss« oder »Beförderung« auf deinen Zettel, sondern werde konkret. Dabei helfen dir folgende Fragen:

- Welche Schritte bist du dafür gegangen?
- Wie hast du das genau gemacht?
- Welche Meilensteine hast du schon erreicht?

Lies diese Liste regelmäßig und ergänze sie mit neuen Erlebnissen, damit nicht in Vergessenheit gerät, was du bereits alles hinbekommen hast.

Übung: Dein Erfolgstagebuch

Um deinen Erfolgen zukünftig mehr Raum zu geben und sie dir bewusst zu machen, kannst du ein Erfolgstagebuch führen. Darin notierst du alle deine Erfolge, egal ob groß oder klein. Worauf du stolz bist und wofür du dich anerkennen möchtest. Such dir einen festen Tag in der Woche, um das zu reflektieren. Lies dir an diesem Tag außerdem eine Seite deines Erfolgstagebuchs durch. Versetze dich in Erfolgsmomente hinein, lass die Erinnerung an sie lebendig werden. Erlaube dir, in dem Gefühl von Stolz zu baden!

In den eigenen Erfolgen zu baden, ist so wohltuend! Es können aber auch Widerstände bei dir hochkommen, weil du dich innerlich gegen diese Übung sperrst. Weil sie dir albern erscheint, du das Ganze übermäßig selbstbezogen findest und nicht abheben willst. Weil du Angst hast, am Ende arrogant oder größenwahnsinnig zu werden. Keine Sorge, das wird nicht passieren!

Übung: Ein Grund zu feiern

Deine kritischen Bewertungen haben dich bisher abgehalten, dein Können anzuerkennen. Mit der Dokumentation deiner Leistung entwickelst du zunehmend ein realistisches und positives Bild von dir und kannst aus deinem Schwarz-weiß-Denken ausbrechen, wenn es um die Definition von Erfolg geht. Raus aus dem Muster »Es muss ein nobelpreisverdächtiger Erfolg sein, sonst ist es keiner«. Nein, es gibt kleine Erfolge und größere Erfolge. Alle zählen. Und alle solltest du gebührend feiern!

Stell dir vor, wie du deine Erfolge in Zukunft würdigen möchtest. Wie sieht das genau aus? Möchtest du alle Erfolge gleich feiern oder gibt es für dich Unterschiede bei alltäglichen Erfolgen und welchen, die nicht jeden Tag passieren und eine große Auswirkung auf dein Leben haben? Und wie feierst du sie? Indem du Konfetti wirfst, einen Freudentanz machst, dir etwas Tolles kaufst, allen davon erzählst, eine Party schmeißt, dich selbst lobst? Deiner Fantasie sind keine Grenzen gesetzt. Es ist okay, wenn du anfänglich denkst, dass das etwas zu dick aufgetragen oder albern und überflüssig ist. Lass dich von diesen Gedanken aber nicht beeinflussen! Erfolge zu feiern, ist wichtig!

Eigenlob stimmt!

Bestimmt kennst du den Spruch »Eigenlob stinkt«. Streich diesen Satz ein für alle Mal aus deinem Vokabular! Du darfst und musst dein Können angemessen würdigen. Deswegen sollst du dir in Zukunft selbst die Krone aufsetzen und der Maxime folgen: »Eigenlob stimmt!« Du wirst feststellen, dass du trotzdem mit beiden Beinen auf dem Boden stehst, denn zwischen Bescheidenheit und Überheblichkeit gibt es viel Spielraum, den du bestmöglich nutzen kannst. Du bist nicht automatisch überheblich, wenn du nicht mehr total bescheiden alles herunterspielst.

Ich (Jens) habe mittlerweile eine Liste mit etlichen Punkten gesammelt, die toll an mir sind und die meinen Selbstzweifeln erfolgreich Paroli bieten. Diese Liste liegt in meiner Schreibtischschublade im Homeoffice. Da liegt sie gut, denn ich möchte nicht, dass jemand sie findet – denn ehrlich gesagt liest sich so eine Liste recht angeberisch, obwohl keines der Komplimente von mir selbst stammt. Ich habe »nur« gesammelt, was andere in den letzten Jahren Wohlwollendes zu mir gesagt haben.

Vor Kurzem habe ich einen weiteren Punkt hinzugefügt: »Du riechst heute richtig gut.« Diese netten Worte sagte eine Kollegin an unserer Fakultät auf dem Flur zu mir. Beim Abendbrot berichtete ich dann meiner Frau von diesem unerwarteten Kompliment. Ihre Antwort brachte mich schnell wieder auf den Boden der Realität zurück. Sie neckte mich mit den Worten: »Wenn dein guter Geruch heute besonders auffällt, was drückt das eigentlich über die anderen Tage aus?« Diese Spitzfindigkeit ändert natürlich überhaupt nichts daran, dass es mir richtig guttut, meine Lob-Liste von Zeit zu Zeit durchzulesen. Sie führt mir in Momenten des Selbstzweifels vor Augen, dass ich ein feiner Mensch mit vielen guten Eigenschaften bin.

Federleicht-Tipp: Grundsätzlich empfehlen wir dir als ideales Persönlichkeitsprofil 10 Prozent Selbstzweifel und 90 Prozent Eigenlob. Das reicht völlig aus, denn 100 Prozent Eigenlob führen schnell in den Grenzbereich einer narzisstischen Störung. Die restlichen Selbstzweifel schützen dich davor, zur Egomanin zu mutieren, die sich an ihrer Selbstgefälligkeit ergötzt. Eine so große Menge Eigenlob heißt aber nicht, dass du deine Fehler ignorieren oder schönreden sollst. Du darfst schon kritisch mit dir sein, wenn es nötig ist. Wie du mit übermäßiger oder unberechtigter Kritik in Zukunft anders umgehst, erfährst du in Modul 2.

Übung: Deine persönliche Lob-Liste

Ohne eine ordentliche Portion Eigenlob bleiben viele gute Ideen auf der Strecke, weil wir an uns zweifeln, weil wir meinen, unsere Ideen seien es nicht wert, umgesetzt zu werden. Deine Lob-Liste bietet dir in Zukunft Halt, wenn andere dich kritisieren. Sie aktiviert deine Kräfte, die du für die Umsetzung deiner Ideen brauchst.

Erstelle eine Liste mit 20 Punkten, die gut an dir sind. Nimm dir ruhig Zeit dafür. Schreib Eigenschaften oder Merkmale auf, die du selbst an dir klasse findest oder die dir andere als Kompliment oder Feedback gesagt haben. Sei dabei nicht wählerisch, nimm alles, was dir einfällt! Quantität schlägt in dem Fall Qualität, denn das gute Gefühl stellt sich sowohl bei Kleinigkeiten (»Schicker Ring!«) als auch bei großen Dingen (»Du bist die Zukunft unseres Unternehmens«) ein.

Lies deine Liste mindestens einen Monat lang täglich durch, denn erst dann hat sich die Schönheit der Self-fullfilling Prophecy[67] in dein Hirn eingebrannt. Durch die ständige Wiederholung wird aus der sich selbst erfüllenden Prophezeiung eine Realität, die dir vor Augen hält: Es gibt tatsächlich sehr vieles, was es an dir zu loben gibt!

Übung: Eigenlob üben

Lobe dich in der nächsten Woche für jede Leistung. Absolut jede! Geh ins positive Selbstgespräch und sag dir: »Mensch, das habe ich ja wieder richtig gut gemacht!« Sprich es ruhig laut aus. Das mag dir anfänglich merkwürdig erscheinen, aber glaub mir, du gewöhnst dich daran. Ich (Laura) spreche da aus Erfahrung. Genauso wie du deine Leistung und Erfolge im inneren Dialog zunichte machen kannst, kannst du sie anerkennen und feiern. Aber das musst du üben, üben und noch mal üben.

Nach der Arbeit zum Beispiel. Wenn du deinen Laptop ausgeschaltet hast, nimm dir einen Zettel und schreibe dir auf, was du alles über den Tag geschafft hast. Mache dir so immer wieder bewusst, wie viel (mehr) du schaffst, als dir oft bewusst ist, und erkenne dich an.

Es ist okay, wenn es dir anfangs albern vorkommt. Und es ist auch okay, wenn du das erstmal noch nicht glauben kannst. Gibt dir Zeit. Beobachte jede noch so kleine Veränderung. Nimm wahr, wie es dir von Mal zu Mal leichter fällt.

Eigenlob ist extrem wertvoll und hat eine größere Wirkung für deine berufliche Leichtigkeit, als du es dir jetzt vielleicht vorstellen kannst. Wie alle Veränderungen profitiert auch diese von regelmäßiger Anwendung. Besonders in der Anfangszeit wird deine innere Kritikerin vermutlich noch öfter meckern: »So toll war das nun auch wieder nicht, das kriegt jeder Volldepp hin«, »Mach mal halblang, du bist kein Genie, nur weil du mal was richtig gemacht hast«, »Purer Zufall«, »Ausnahmsweise mal gutes Timing«. Solche Abwertungen deiner Leistung gehören ab jetzt nicht mehr in deinen Wortschatz. Solltest du dich dabei ertappen, dass du dennoch schlecht über dich denkst, sag innerlich laut Stopp – und nutze die anderen Tools aus Modul 5, um deine innere kritische Stimme auszubremsen!

Übung: Jedes Lob annehmen

Ab sofort nimmst du jedes Lob an. Wenn dir jemand ein Kompliment macht oder deine Leistung anerkennt, tust du es nicht ab, du redest es nicht klein. Stattdessen sagst du:

- »Ich danke dir dafür. Ich habe mir auch wirklich Mühe gegeben.«
- »Ich freue mich total über deine wertschätzenden Worte!«
- »Danke, das Kompliment nehme ich gerne an.«

Und das tust du, selbst wenn du nicht ganz sicher bist, ob das nun ernst gemeint war oder nicht. Denn jedes Lob zählt! Lieber ein dahingesagtes Lob zu viel annehmen, als ein ernst gemeintes Lob zu wenig.

MODUL 14

So gehst du lockerer mit Fehlern und Misserfolgen um

Deine innere Perfektionistin gibt Vollgas. Du checkst und kontrollierst alles bis zum Umfallen, um ja keine Angriffsfläche zu bieten. Und trotzdem passieren sie immer wieder: Fehler! Sag lieber »Na und?«, statt dich deswegen ständig fertigzumachen. Fehler zu machen, ist menschlich, sie lassen sich nicht hundertprozentig vermeiden.

Wenn du dich immer auf die Vermeidung von Fehlern konzentrierst, wie entspannt und federleicht gehst du dann durchs Leben? Wie wahrscheinlich ist es dann, dass du Neues ausprobierst? Eher unwahrscheinlich, denn dafür brauchst du eine gewisse Risikoaffinität, keine Fehlerangst. Was du brauchst, ist eine Strategie, wie du ab jetzt mit Fehlern besser umgehen kannst, denn die Zeit, in der du dich dafür fertiggemacht hast, ist beendet!

Marina sitzt schon seit einer halben Stunde an einer E-Mail für einen wichtigen Kunden. Als sie diese endlich absendet, stellt sie mit Schrecken fest, dass sie den Namen falsch geschrieben hat. Wie konnte das nur passieren? Was wird er von ihr denken? Wie dumm kann man nur sein? Ihre Gedanken rasen. Auch nach Feierabend denkt sie noch darüber nach. Sie malt sich aus, wie der Kunde deswegen die Zusammenarbeit aufkündigt und sich einen neuen Dienstleister sucht. Und ihre Chefin zitiert sie zu sich und macht ihr die Hölle heiß. Marina reagiert auf ihren kleinen Fehler wie eine zu scharf eingestellte Alarmanlage, und sie ärgert und schämt sich.

Ich (Laura) erlebe bei meinen Kundinnen in der Coaching-Praxis diesen Befreiungsschlag immer wieder, sobald sie ihre Panik vor Fehlern verlieren und sich nicht mehr wegen Kleinigkeiten fertigmachen.

Reflexion: Beobachte dich in den nächsten Tagen. Wie reagierst du, wenn du etwas falsch gemacht hast oder etwas schiefgelaufen ist? Wie geht es dir, wenn du etwas falsch machst, etwas nicht weißt, in deinen Augen zu langsam bist oder nicht genug schaffst? Welche Gedanken, Bewertungen und Gefühle gehen dir durch den Kopf? Wem schreibst du Fehler und Misserfolge zu: externen Faktoren oder dir selbst? Wie viel Aufmerksamkeit schenkst du Fehlern und Misserfolgen? Wie lange und wie stark beschäftigen sie dich – auch im Vergleich zu deinen Erfolgen.

Mehr Gelassenheit bei Fehlern

Marina schreibt sich ihre zahlreichen Erfolge nie auf die Fahne, doch sie neigt dazu, Misserfolge stets auf sich und ihr mangelndes Können zu beziehen. Als ihre Vorgesetzte eine kleine Änderung in einem Bericht anfordert, fühlt sich Marina bestätigt: War ja klar. Nicht mal so etwas Einfaches kriegt sie hin, ohne dass es an ihrer Arbeit etwas auszusetzen gäbe. Wie kann man denn nur so unfähig sein? Ihr Selbstwertgefühl leidet und jeder noch so kleine Fehler oder Misserfolg entmutigt sie weiter. Ein Teufelskreis, denn je öfter sie in ihren Augen versagt, desto weniger traut sich Marina zu.

Solche hinderlichen Denk- und Verhaltensmuster gilt es zu durchbrechen. Nimm in Zukunft deine Erfolge persönlich und stehe gelassener über deinen Fehlern und Misserfolgen. Das ist ein weiterer Schritt auf deinem Weg zum federleichten Erfolg und absolut dienlich für dein Selbstwertgefühl. Wir hören dich schon förmlich protestieren: »Aber es ist doch wichtig, Verantwortung zu übernehmen. Ich kann das doch nicht einfach so abtun. Das geht doch nicht!« Wir sagen ja auch nicht, dass du keine Verantwortung übernehmen sollst. Wir möchten aber, dass du genauer hinsiehst und deine Misserfolge anders positionierst: Sie gehören an den schlecht beleuchteten Rand, nicht ins grelle Rampenlicht.

Es wird Zeit, dass Drama-Land endgültig zu verlassen. Dann kannst du akzeptieren, dass Fehler, Misserfolge oder Stillstand ein normaler

Bestandteil des Lebens und deiner Karriere sind. Du hast nicht immer Einfluss darauf, ob etwas gut läuft. Aber du kannst entscheiden, wie du mit verschiedenen Situationen umgehst.

Das Problem: Wenn dir ein innovatives Vorhaben misslingt, giltst du als Versagerin. Wenn es dir aber gelingt, giltst du als Zerstörerin alter Traditionen und liebgewonnener Gewohnheiten, vor allem wenn die von dir angestoßene Innovation veränderte Arbeitsabläufe nach sich zieht. Innovationen kreieren oftmals eine Lose-lose-Situation. Solltest du sie deshalb nicht wagen? Doch, aber sichere dich vorsichtshalber ab.

Federleicht-Tipp: Lass dir von deiner Vorgesetzten folgenden Satz schriftlich (!) bestätigen: »Wenn wir diese Innovation hinbekommen, dann siegen wir gemeinsam. Wenn wir sie nicht hinbekommen, dann verlieren wir gemeinsam!« Wird dir diese Zusage – wie auch immer du sie formulierst – verwehrt, dann wirst du im Falle eines Fehlschlags alleine für das Scheitern verantwortlich sein. Mit diesem Wissen kannst du deine Innovation entweder unterlassen, weil sie dir zu risikoreich erscheint, oder du gehst das Risiko ein, setzt auf Sieg und jammerst nicht herum, wenn es zu deinen Lasten schiefgehen sollte. Du warst ja vorgewarnt!

Übung: Raus aus dem Dramamodus

Jedweden Fehler zu vermeiden, ist total anstrengend. Denn dafür musst du ja immer auf der Hut sein und alles im Blick haben. Leichtigkeit sieht anders aus! Vielleicht merkst du, dass du in so einer Situation sehr selbstabwertend reagierst und dein Spotlight ausschließlich auf dein Fehlverhalten richtest. Du machst es dadurch übergroß, es ist total präsent in deinem Kopf, du malst dir die schlimmsten Bilder aus und driftest in den Dramamodus ab. In dem Fall ist ganz wichtig: Durchatmen! Du kannst kompetent sein und es kann mal was schiefgehen oder dir kann ein Fehler unterlaufen. Denn – Überraschung! – du bist ein menschliches Wesen.

- Atme einige Male tief durch und nimm wahr, was du gerade fühlst. Drück deine Gefühle nicht weg, aber steigere dich auch nicht in sie hinein. Fühle sie. Lass sie einmal durch dich hindurchfließen. Doch denk immer daran: Du bist okay! Auch wenn du gerade wirklich etwas falsch gemacht hast, aus welchen Gründen auch immer. Es ist nicht schön, aber es passiert jedem, denn niemand ist perfekt.
- Gewinne nun etwas Abstand zu deinem Fehler oder Missgeschick und setze ihn in Relation. Wie schlimm ist es wirklich? Dramatisierst du den Fehler oder das Missgeschick womöglich? Wie wirst du über den Fehler oder das Missgeschick in einer Woche denken? In einem Monat? In einem Jahr? Wirst du dich dann überhaupt noch daran erinnern?
- Entwickle einen offenen Umgang mit Fehlern, also sprich darüber und entschuldige dich bei Bedarf.

Indem du mithilfe dieser Einordnung deinen Fehler in Relation setzt, gewinnst du Abstand zu ihm und kannst ihn mit anderen Augen betrachten. Die Anrede in der E-Mail verwechselt? Pampiger als gewollt auf die kritische Gegenfrage des Chefs reagiert? Beides doof, aber kein Beinbruch. Statt krampfhaft jedweden Fehler vermeiden zu wollen, empfehlen wir dir sogar, kleine Fehler bewusst zu riskieren, zum Beispiel einen Tippfehler bewusst stehen zu lassen oder eine – in deinen Augen – doofe Frage zu stellen.

Federleicht-Tipp: Wenn dir der lockere Umgang mit Fehlern noch schwerfällt, probiere das folgende Gedankenexperiment aus. Mal angenommen, du hättest eine Mitarbeiterin und diese macht einen Fehler. Dadurch klappt etwas nicht so wie gewünscht. Du weißt, dass deine Mitarbeiterin klug, motiviert und fleißig ist. Wie würdest du mit ihr und mit der Situation umgehen? Was würdest du ihr sagen? Was glaubst du, würde sie gerade jetzt von dir brauchen? Eins ist ja wohl klar! Du verdienst einen genauso wertschätzenden Umgang, wie du ihn deiner Mitarbeiterin zukommen lassen würdest. Übertrage diese Erkenntnisse auf deinen Umgang mit dir selbst.

Übung: Werde zur Datenanalystin

Wenn dir ein Fehler unterlaufen ist, schlüpfe in die Rolle einer Datenanalystin. Betrachte dazu die Situation nüchtern und rational. Was passiert ist, ist passiert. Dich deswegen fertigzumachen und pauschal zu verurteilen, ändert nichts daran. Entscheidend ist, schnellstmöglich Schadensbegrenzung zu betreiben und zudem dafür zu sorgen, dass sich der Fehler in Zukunft nicht wiederholt. Überlege daher:

- Was ist nun zu tun?
- Kannst du den Fehler noch korrigieren? Wenn ja, wie?
- Musst du jemanden informieren? Wenn ja, wen?
- Brauchst du dabei Hilfe? Wenn ja, wen kannst du um Hilfe bitten?
- Wie kannst du die Situation lösen?
- Welchen Anteil hast du daran, dass der Fehler passiert ist, und was kannst du daraus lernen? Hast du beispielsweise eine Deadline verpasst, nimmst du dir vor, Fristen immer sofort in den Kalender einzutragen und zusätzlich einen Reminder einzustellen, der dich an die rechtzeitige Erledigung erinnert. Oder du hast für ein Projekt zu wenig Zeit eingeplant. Dadurch ist es hektisch geworden, und es sind Fehler passiert. Für das nächste Mal gilt: Ausreichend Pufferzeit einplanen, um das Projekt in Ruhe bearbeiten zu können.
- Welche äußeren Faktoren haben dazu beigetragen, dass der Fehler passiert ist oder etwas nicht so gelaufen ist, wie du es wolltest? Wie kannst du zukünftig damit umgehen oder was kannst du anders machen? Zum Beispiel fällt der Launch deines neuen Produkts ausgerechnet ins Sommerloch und es startet deswegen nicht so richtig durch. Learning: Das Timing zukünftig mehr berücksichtigen. Oder dein Kollege hat – trotz deiner Bitte – wichtige Informationen zu spät geliefert. Learning: Bei ihm musst du zukünftig hartnäckiger nachfragen.

Eine gute Portion Selbstironie

Unsere alltäglichen Fehler sind nervig, na klar. Aber sie sind auch irgendwie unterhaltsam, denn sie sind menschlich. Sie bieten Stoff zum Schmunzeln – vorausgesetzt du verfügst über eine gute Portion Selbstironie, die wir dir für ein entspanntes Leben dringend ans Herz legen möchten. Wer nicht über sich selbst lachen kann, ist ein schrecklicher Mensch, weil er sich zu wichtig nimmt. So ein Mensch wird es nie schaffen, entspannt erfolgreich zu werden. Ich persönlich (Jens) amüsiere mich köstlich über meine Fehler, denn sie sind nur kleine Dellen auf meinem Weg, ein wirklich feiner Mensch zu werden.

- Hast du schon mal rechts und links verwechselt beim Autofahren und dich gewundert, warum die verdammte Boutique laut der Wegbeschreibung einfach nicht zu finden ist?
- Hast du schon mal ein Sushi-Restaurant am Flughafen verlassen, ins Gespräch vertieft, ohne zu zahlen und ohne die wild gestikulierende Servicekraft weiter zu beachten? Zum Glück hatte ich Laura dabei, die mich irritiert fragte: »Hast du eigentlich bezahlt? Die Frau dahinten winkt so hektisch …«
- Hast du schon mal deinen Chef am Telefon als störend abgewürgt, weil du ihn mit einem nervigen Kollegen verwechselt hast? Ich schon! Allerdings sei zur Entschuldigung gesagt, dass die beiden ziemlich ähnliche Stimmen haben – was mir bis zu diesem Vorfall gar nicht aufgefallen war.
- Hast du schon mal mit großer Leidenschaft den falschen Vortrag gehalten, weil du den Kunden verwechselt hast, und dich gewundert, dass sich die Zuhörer irritierte Blicke zuwerfen, bevor dich endlich jemand auf deinen Irrtum hingewiesen hat? Ich finde, so etwas kann schon mal passieren am ersten Arbeitstag nach einem zweiwöchigen Ostseeurlaub am Timmendorfer Strand.

Diese vier Beispiele aus dem wahren Leben belegen mein fehlerhaftes Auftreten, meine Unkonzentriertheit, meine schlechte Vorbereitung und meine kognitive Unfähigkeit, rechts und links auseinanderzuhalten.

Wären dir diese Situationen peinlich? Würden sie deine Selbstzweifel befeuern? Oder kannst du dir vor Lachen auf die Schenkel hauen, weil du auch manchmal so dusselig bist? Ich kann mich herrlich über meine Doofheit amüsieren, denn das schmälert ja nicht die Tatsache, dass ich es trotzdem zu etwas gebracht habe im Leben. Alberne Fehler sind nämlich zum Glück kein Karrierehindernis!

Reflexion: Über welche drei Fauxpas aus deinem Leben kannst du dich prächtig amüsieren?

Federleicht-Tipp: Es wird deine Karriere nicht negativ beeinflussen, wenn du ab und zu danebenliegst, solange du mit langem Atem und kontinuierlichem Fleiß deine Ziele verfolgst. Genieße deine Schwächen mit einem Schuss Selbstironie, weil sie Lappalien sind im Vergleich zu deiner restlichen Genialität. Ein weiterer Pluspunkt: Unserer Meinung nach macht Selbstironie wahnsinnig sympathisch. Probier's doch mal aus!

MODUL 15

So kurierst du allmählich deine Aufschieberitis

Prokrastinieren und eine federleichte Karriere passen einfach nicht zueinander. Warum? Ganz einfach: Prokrastinieren raubt dir viel Energie, denn deine Gedanken sind permanent bei der unerledigten Aufgabe. Du grübelst darüber nach, dass du sie erledigen solltest, und dein schlechtes Gewissen plagt dich. Und mit zunehmender Zeitknappheit wird ein tolles Ergebnis mit einer entspannten Grundhaltung immer schwerer zu realisieren.

Sandra mag ihren Job als Psychologin total gerne. Sie versteht sich wunderbar mit ihren Kollegen und ihr Chef schätzt ihre Arbeit. Ein Traumjob. Eigentlich. Doch seit einiger Zeit fühlt Sandra sich gestresst und unwohl. Sie hat eine – auf den ersten Blick – spannende und neue Aufgabe übertragen bekommen. Sie soll zusätzlich die telefonische Kaltakquise von Fachärzten übernehmen. Was für eine Chance!

Aber von Beginn an ist irgendwie der Wurm drin. Es fällt ihr total schwer, sich zu motivieren. Immer wenn es um diese Tätigkeit geht, dreht sich ihr Magen um und sie würde am liebsten alles andere lieber machen. Nur nicht diese Aufgabe! Dabei ist Sandra vom Grundtyp her willensstark, kann sich gut motivieren und probiert auch gerne neue Aufgaben und Projekte aus. Aber mit diesem Projekt wird sie einfach nicht warm und quält sich von Tag zu Tag. Die Aufgabe überschattet ihren Joballtag, und sogar abends grübelt sie oft noch darüber.

Du kennst es vermutlich auch aus dem Berufsalltag: Du bekommst eine spannende Aufgabe und denkst im ersten Moment: Super! Doch schon im nächsten Augenblick stellt sich ein flaues Gefühl in der Magengegend ein. Dazu ein Druckgefühl auf der Brust und dein Herz beginnt zu rasen.

Kannst du den Erwartungen wirklich gerecht werden? Was, wenn sich herausstellt, dass du gar nicht so geeignet bist oder dein Ergebnis nicht gut ankommt? Was, wenn jemand bemerkt, dass außer heißer Luft bei dir nicht viel dahintersteckt? Der Impostor-Zyklus beginnt mal wieder, Panik macht sich in dir breit – und ehe du dich versiehst, findest du dich in der Prokrastination wieder. Anders ausgedrückt: Du schiebst das Ganze erstmal auf.

Konkrete Arbeitsaufträge einfordern

Erfahrungsgemäß führen oft Unklarheiten zu Aufschieberitis. Dann fragst du dich ständig unterschwellig: »Ist das jetzt richtig so? Ist das jetzt gut genug?« Frag dich stattdessen lieber, welche Informationen du noch benötigst, um deine Aufgabe entspannt erledigen zu können.

Durch gezieltes Nachfragen verschaffst du dir ein besseres Bild davon, welche Erwartungen dein Gegenüber hat. Es ist auch möglich, dass dein Auftraggeber noch gar keine klaren Vorstellungen hat und deswegen die Aufgabe schwammig formuliert ist. Durch dein gezieltes Nachfragen sorgst du also für mehr Klarheit auf beiden Seiten und ebnest damit den Weg für ein Ergebnis, das den Vorstellungen deines Auftraggebers entspricht.

Übung: Gezielt nachfragen

Bei einem unklaren Arbeitsauftrag solltest du zunächst bei deinem Auftraggeber um Klärung bitten. Und nein, das ist kein Zeichen von Inkompetenz oder fehlender Professionalität. Eine Möglichkeit ist, das Gehörte in deinen Worten wiederzugeben und dann noch einmal genauer nachzufragen:

- Was mir an dieser Stelle noch nicht so klar ist: [die Unklarheiten]. Können Sie bitte konkreter darauf eingehen, was Sie genau darunter verstehen?
- Können Sie beschreiben, was Sie sich unter [die Unklarheiten] genau vorstellen?

- Erklären Sie mir bitte, wie das Ergebnis konkret aussehen muss, damit es Ihren Erwartungen entspricht. Wie stellen Sie es sich vor?

Mach dich frei von der Sorge, dass die Nachfrage auf dein Gegenüber so wirken könnte, als wärst du nicht professionell genug. Verschaffe dir die Klarheit, was genau erwartet wird, ehe du Zeit und Energie investierst. Wenn alle Unklarheiten beseitigt sind, erstellst du einen realistischen Plan für die Umsetzung.

Übung: Der Blick nach innen

Wenn du eigenverantwortlich arbeitest, kannst du dir den Start erleichtern, indem du konkrete Arbeitsaufträge für dich selbst formulierst. Sollte dir das noch schwerfallen, versuch dir vorzustellen, dass du die Aufgabe an eine andere Person delegieren willst: Wie muss die Arbeitsanweisung lauten, sodass diese Person genau weiß, was sie tun soll und wie das Ergebnis auszusehen hat?

Fühlst du dich noch immer unsicher, richte den Blick nach innen. Frage dich, was du für richtig hältst, denn du verfügst über mehr als genug Expertise und stellst vermutlich ohnehin höhere Ansprüche an das Ergebnis als deine Auftraggeber.

- Was hältst du für gut?
- Was ist für dich wichtig?
- Was hältst du für richtig?
- Was hältst du für notwendig?
- Wie stellst du dir das optimale Ergebnis vor?

Übung: Schritt für Schritt zum Ziel

Oft erscheint eine Herausforderung übergroß und unbezwingbar, sodass sie sehr einschüchternd wirken kann, wie ein riesiger Berg. Du siehst nur die ewig lange und beschwerliche Strecke, die noch vor dir liegt – die engen Pässe, die steilen Wände. Du fragst dich, wie du diesen Berg nur erklimmen sollst. Du hast keine Ahnung wie du es angehen, wo du anfangen sollst. Du bist total blockiert und verunsichert. Vielleicht solltest du lieber aufgeben? Nein! Wie besteigt man einen Berg am besten? Die Antwort ist so simpel wie logisch: Schritt für Schritt!

Nutze das für deine Planung, etwa bei einem neuen Projekt.

1. Bis wann willst oder musst du das Projekt fertigstellen? Wenn du keine vorgegebene Deadline hast, leg selbst eine fest. Dadurch steigt die Dringlichkeit der Aufgabe. Zudem zügelt die Frist deine perfektionistischen Tendenzen, bist zum Sankt Nimmerleinstag an dem Projekt weiterzuarbeiten.
2. Wie viel Zeit willst du für das Projekt insgesamt maximal aufwenden? Das wirkt deiner inneren Perfektionistin entgegen.
3. Wann kannst du am besten an dem Projekt arbeiten: einmal in der Woche, mehrmals pro Woche oder jeden Tag? Welcher Rhythmus fühlt sich für dich passend an?
4. Plane einen großzügigen zeitlichen Puffer ein. Verplane maximal 60 bis 80 Prozent deiner Arbeitszeit. So stellst du sicher, dass du dein Ziel in Ruhe erreichst, und kannst gelassen auf Störungen und Unvorhergesehenes reagieren und nachjustieren. »Überperformen« kannst du immer noch.

Mit diesem groben Plan fängst du an. Trag deine Deadline und deine Zwischenschritte in den Kalender ein. Prüfe dann in der Praxis, ob dein Zeitplan realistisch ist oder ob du dir eventuell zu ambitionierte und damit unerreichbare Ziele gesetzt hast. Es ist vollkommen okay, wenn du in der Umsetzungsphase merkst, dass Anpassungen notwendig sind – dafür ist ja dein Puffer da. Vielleicht stellst du fest, dass du einen noch größeren Puffer brauchst als gedacht, dass du für eine bestimmte Teilaufgabe mehr Zeit benötigst oder dass du dir insgesamt weniger To-dos vornehmen solltest. Justiere frühzeitig nach, damit du federleicht ans Ziel kommst!

Prioritäten setzen

Hand aufs Herz: Wie viele Dinge stehen derzeit auf deiner To-do-Liste? Vermutlich sind es viel zu viele. Wenn du gefühlt 1 000 Projekte gleichzeitig angehen und schaffen willst, zerstreust du nur deine Energie. Die Folge: Du schaffst nichts Halbes und nichts Ganzes, setzt dich zu sehr unter Druck und bist am Ende vor allem gestresst und frustriert. Das sehe ich (Laura) auch immer wieder bei meinen Kundinnen. Sie nehmen sich zu viel auf einmal vor und überfordern sich mit ihrem Aktionismus.

Die Lösung nach dem Federleicht-Prinzip: Setz dir klare Prioritäten und mach dir bewusst, was wirklich wichtig ist. Ich weiß, das ist leichter gesagt als getan, denn es bedeutet, dass du dich gegen etwas entscheiden musst. Aber du musst Nein sagen zu manchen Dingen, es ist schlichtweg unvermeidbar.

Reflexion: Um Prioritäten zu setzen, musst du dir Klarheit verschaffen, was du eigentlich erreichen willst. Je mehr du die Komplexität reduzierst, umso leichter wird dir die Umsetzung fallen.

- Was sind deine aktuell wirklich wichtigen Ziele, deine Herzensprojekte?
- Welches Projekt hat welche Priorität für dich?
- Was ist für dein Vorankommen wirklich wichtig und notwendig?
- Welche To-dos auf deiner Liste haben tatsächlich etwas mit der Umsetzung dieser Ziele zu tun?
- Welche Schritte sind unverzichtbar?
- Was kann warten oder in die Ablage verschoben werden?

Federleicht-Tipp: Damit das noch besser funktioniert, solltest du auch immer wieder das Neinsagen üben, also dein Durchsetzungsvermögen trainieren. Das gilt gegenüber dir selbst, wenn du dich ablenken willst, weil du dich überfordert fühlst, dir die Klarheit fehlt oder du Angst vor dem Scheitern hast und deswegen in die Zerstreuung flüchtest, ebenso wie gegenüber anderen, die dir weitere Aufgaben übertragen möchten (mehr dazu in Modul 12 und 7).

Hilfreiche Strukturen schaffen

Schaffe Strukturen, die nicht zulassen, dass du die Dinge ewig aufschiebst, bis du enorm unter Zeitdruck stehst. Anders formuliert: Schaffe Verbindlichkeit! Das fängt beim Start einer Aufgabe oder eines Projekts an und zieht sich bis zum Ende durch.

Übung: Dein Startritual

Um dir den Start in eine bestimmte Aufgabe zu erleichtern, kannst du ein Ritual etablieren. Dieses läutet den Beginn der Aufgabe ein. Rituale könnten zum Beispiel sein:

- Du lüftest einmal das Büro oder Homeoffice durch und ziehst dir anschließend ein bestimmtes Kleidungsstück an, etwa einen Blazer, den du nur für diese Arbeitsphase trägst und am Ende wieder ablegst.
- Du bearbeitest die Aufgabe immer an einem bestimmten Platz. Am Ende der Arbeitsphase wechselst du wieder den Ort.
- Du nimmst dir vor Beginn 15 Minuten Zeit, um »einzuchecken«. In der Zeit kannst du dir noch mal ins Gedächtnis rufen, warum es wichtig ist, diese Aufgabe zu erledigen. Halte dir vor Augen, welche positiven Effekte es mit sich bringen kann, wenn du sie bis zum Ende konzentriert durchziehst. Du kannst dir auch noch einmal ansehen, was du bereits alles geschafft hast, und dir die konkreten nächsten Schritte notieren.

Übung: Motivation über die Projektdauer

Damit es dir gelingt, dein Projekt von Anfang bis Ende nach Plan durchzuziehen, kannst du dir selbst Fristen setzen und einer Person deines Vertrauens davon erzählen. Du kannst deine Motivation weiter erhöhen, indem du mit der Person einen Deal machst: Wenn du es nicht packst, darf sie eine vorher vereinbarte Summe an einen Verein spenden, der dir missfällt.

Alternativ kannst du dir auch etwas überlegen, womit du dich gerne – nach getaner Arbeit – belohnen möchtest: mit einem Wellness-Tag, der schicken Handtasche, von der du schon lange träumst, oder einem Cappuccino im Park um die Ecke.

Übung: Fokussierte Arbeitsumgebung schaffen

Schaffe eine Umgebung, die es dir erleichtert, dich zu konzentrieren. Dabei helfen dir folgende Fragen:

- Wo kannst du am besten arbeiten?
- Wo fällt es dir schwer, dich zu konzentrieren?
- Mit welchem Ritual könntest du starten?
- Wer oder was lenkt dich leicht ab?
- Wie kannst du solche Störungen unterbinden?
- Zu welcher Tageszeit kannst du dich am besten konzentrieren?
- Wie lange kannst du dich gut konzentrieren?
- Wie kannst du dich für geschaffte Einheiten belohnen?

Federleicht-Tipp: Gerade wenn du etwas zum ersten Mal machst, brauchst du etwas Zeit, um dich in deiner neuen Aufgabe zurechtzufinden und einen passenden Zeitplan zu entwerfen und auch durchzuziehen. Finde heraus, welche Strategien hinsichtlich Selbstmanagement, Motivation und Arbeitsplanung für dich gut funktionieren, und sieh es gelassen, wenn es nicht auf Anhieb klappt. Gib dir die Chance, dazuzulernen. Ergänzend dazu ist es hilfreich, äußere Faktoren, die dich unnötig ablenken, weitgehend zu eliminieren (mehr dazu in Modul 11).

Unliebsame Aufgaben eisern durchziehen

Wir kennen es alle: Manchmal gibt es Aufgaben, denen wir nicht entgehen können. Sie verpuffen nicht dadurch, dass wir sie einfach ignorieren; sie müssen früher oder später einfach erledigt werden. In solchen Momenten hilft meiner Meinung nach am besten »Macher-Energie«.

Hör auf, mit dir selbst zu verhandeln oder zu feilschen und unbequeme Aufgaben endlos aufzuschieben, die du nicht loswerden, also delegieren kannst. Wenn du bemerkst, dass du dich ablenken willst, weise dich selbst zurecht, denn morgen wäre die Aufgabe ja immer noch da. Sage dir: »Ich habe mich entschieden, dass ich das jetzt erledige und komplett durchziehe. Es gibt keinen Verhandlungsspielraum!«

Federleicht-Tipp: Eine weitere Möglichkeit ist, dir einen Sparringspartner zu suchen, der ebenfalls konzentriert an einem Projekt arbeiten muss. Vereinbart regelmäßige Termine, in denen ihr im Co-Working eure jeweiligen Projekte vorantreibt. Dein Commitment steigt durch die vereinbarten Termine, und in einer solchen Atmosphäre arbeitet es sich vielleicht leichter. Denn geteiltes Leid ist bekanntlich halbes Leid!

Übung: Energieraubende Tätigkeiten unter der Lupe

Du hast sicherlich schon bemerkt, dass es Tätigkeiten gibt, die dir ganz leicht von der Hand gehen und noch dazu sogar Spaß machen. Andere Aufgaben fallen dir hingegen sehr schwer und rauben dir jede Menge Energie.

1. Erstelle eine Liste mit allen Tätigkeiten, die an einem normalen Arbeitstag in deinem Job anfallen.
2. Nimm einen Textmarker zur Hand und geh deine Liste durch: Welche Tätigkeiten fallen dir schwer oder strengen dich an? Markiere sie. Und welche der markierten Aufgaben machen dir außerdem überhaupt keinen Spaß? Markiere sie mit einer anderen Farbe oder einem eindeutigen Symbol.
3. Was kannst du mit diesen absolut unliebsamen Aufgaben anfangen? Hast du die Möglichkeit, sie abzugeben oder zu delegieren? Oder gibt es Möglichkeiten, wie du die Umsetzung leichter und angenehmer gestalten kannst? Kannst du dir noch Fähigkeiten aneignen, um entspannter mit diesen Aufgaben umzugehen?

Federleicht-Tipp: Es ist völlig in Ordnung, wenn du erkennst, dass es Tätigkeiten oder Strukturen gibt, die dir schlichtweg nicht liegen. Es gibt sicherlich eine Menge, was du lernen kannst, damit du es doch noch hinbekommst. Wir empfehlen dir jedoch, dich nach Möglichkeit auf deine Stärken zu konzentrieren. Denn wenn du Tätigkeiten ausübst, für die deine Stärken von Nutzen sind, kann es nur super werden!

Unterbewussten Fluchtursachen auf der Spur

Wenn du immer wieder bestimmte Projekte oder Aufgaben auf später verschiebst, solltest du dich genauer mit deinen Sorgen und Ängsten beschäftigen. Es ist unabdingbar, dass du der eigentlichen Ursache für deine Flucht auf den Grund gehst.

Reflexion: Setz dich ganz in Ruhe mit den folgenden Fragen auseinander und schreib dir alles auf, was dir dazu einfällt.

- Wovor genau hast du Angst?
- Warum bist du besorgt?
- Was könnte im schlimmsten Fall passieren?
- Welche Erwartungen stellst du bei dieser Aufgabe an dich?
- Was befürchtest du, welche Erwartungen an dich gestellt werden?

Oft bleiben wir bei Worst-Case-Szenarien an dem Gefühl hängen, das diese Vorstellung mit sich bringt, und vergessen, dass es sich dabei um eine von vielen Möglichkeiten handelt – noch dazu eine überaus unrealistische.

Übung: Nach dem allerschlimmsten Fall

Stell dir das Worst-Case-Szenario zu deiner Herausforderung vor. Mal es dir in all seinem Schrecken aus. Und dann geh in Gedanken darüber hinaus: Wie geht es dir am Tag danach? Und eine Woche später? Was ist einen Monat danach? Wie sieht dein Leben nach einem Jahr aus? Wie geht es dir? Wie gelingt es dir, dein Leben nach dieser totalen Niederlage wieder zum Positiven zu wenden?

Mithilfe dieses Gedankenexperiments lernst du, über die gefürchtete Katastrophe hinauszugehen, statt in der Schreckensszene zu verharren und sie immer wieder vor deinem inneren Auge ablaufen zu lassen. Das soll dich darin bestärken, dass du dich – selbst wenn der Worst Case tatsächlich einmal eintritt – wieder davon erholen kannst. Sicherlich kann ein herber Fehlschlag zu Beginn unangenehm oder schmerzhaft sein und dich aus dem Takt bringen. In den ersten Stunden, Tagen oder auch Wochen wird er dich vermutlich noch ziemlich beschäftigen. Aber du kannst dich von dieser Niederlage erholen, dein Leben aktiv gestalten und es wieder zum Guten drehen!

Übung: Mögliche Abläufe jenseits des Worst Case

Wenn du es bisher gewohnt warst, dir Katastrophenszenarien auszumalen, kann es ein bisschen Übung erfordern, dir Alternativen zu überlegen, um aus diesem alten Denkmuster auszubrechen. Aber die Mühe lohnt sich, versprochen!

Mach dir bewusst, dass es viele andere Möglichkeiten gibt, wie die Dinge alternativ verlaufen könnten, um aus deinem Katastrophenfilm auszusteigen. Mal dir dafür zunächst den Best Case in allen Einzelheiten aus. Im Weiteren überlegst du dir verschiedene realistische Varianten, die zwischen dem Best und dem Worst Case liegen.

Auf diese Weise verlässt du deinen Tunnelblick und rufst dir wieder ins Bewusstsein, dass der schlimmste Fall nur ein möglicher Ausgang von vielen ist.

MODUL 16
So gewinnst du deinen Laserfokus zurück

Meine (Laura) Kundinnen sind unglaublich kluge, talentierte und begeisterungsfähige Frauen, die jedoch an Strahlkraft und Zufriedenheit verloren haben, weil sie im falschen Job gelandet sind. Einem Job, der nicht zu ihnen und ihren Talenten, Werten und Vorzügen passt. Fragst du dich auch manchmal, ob du am richtigen Ort bist? Vermutlich hast du schon ein Bauchgefühl, aber du traust ihm nicht recht. Der Grund: Unser Verstand – getarnt als Vernunft – redet uns da gerne mal rein. Aber im tiefsten Inneren spürst du schon länger, dass etwas nicht stimmt.

Der Wecker reißt Regina aus dem Schlaf. Es fällt ihr unendlich schwer, aus dem Bett zu kommen, weil sie total schlecht geschlafen hat. Sie hat ewig wach gelegen und gegrübelt. Über die Arbeit, die Kollegen, die Vorgesetzten. Ihre Gedanken wandern auch nach dem Aufstehen ohne Umschweife zum Job – und reflexartig zieht sich Reginas Magen zusammen. »Vielleicht sollte ich mich krank melden?«, denkt sie. »Ich fühle mich gar nicht gut.« Doch ihr Pflichtbewusstsein siegt mal wieder. Sie steht auf und wälzt schon wieder Probleme aus dem Arbeitsalltag, noch bevor der erste Kaffee durchgelaufen ist, und ihr Kopfkino geht munter weiter: »Soll ich mir das wirklich weiter antun? Wer weiß, vielleicht wird es ja doch noch besser ... Oder lieber den Job wechseln? Aber was, wenn es da dann noch schlimmer wird? Und all die Bewerbungen, die ich dann schreiben müsste. Und wieder monatelang Probezeit – das stehe ich nicht durch. Da muss ich mich ja wieder beweisen. Was, wenn ich versage und alle enttäusche?«

Herzenswünsche und Lebensträume

Auf dem Weg zu mehr Leichtigkeit und Zufriedenheit im Job sind deine tiefen Sehnsüchte extrem wichtig. Sie dürfen auf keinen Fall aus dem Blick geraten. Du kannst den tollsten Job der Welt machen, aber wenn du darin nicht deine tiefsten Sehnsüchte ausleben kannst, wie viel ist dieser Job dann wert? Wie glücklich wirst du dann sein?

Lena arbeitet als angestellte Beraterin. Sie verdient ein traumhaftes Gehalt, um das sie ihre Freunde beneiden. Sie hat ein schickes Büro und reist für ihren Job durch die Welt. Eigentlich sollte Lena glücklich sein. Ist sie aber nicht, denn tief in ihrem Herzen hegt sie schon sehr lange einen Wunsch. Sie träumt seit ihrer Jugend davon, einen Hund zu haben. Ihre Eltern erlaubten ihr damals keinen, weil ihre Schwester allergisch ist. In ihrer Fantasie verbringt Lena die Freitagnachmittage mit ihrem Hund im Garten. Liegt in der Hängematte und hört den Vögeln beim Zwitschern zu. Oder genießt ausgedehnte Spaziergänge nach Feierabend, am Rheinufer entlang.

Doch ihr aktueller Job lässt das nicht zu, da sie ständig unterwegs ist. Überstunden sind völlig normal und sogar am Wochenende ist Lena oft bis abends mit der Arbeit beschäftigt. Aber sie beklagt sich nicht. Zumindest nicht laut. Schließlich verdient sie damit gutes Geld und alle anderen sagen ihr, wie zufrieden sie damit heutzutage sein kann.

Trau dich ruhig, dich von den gesellschaftlichen Vorstellungen, davon, was »Erfolg« ist und wie ein »zufriedenes Leben« auszusehen hat, zu lösen. Beschäftige dich stattdessen damit, was du wirklich möchtest, was deine ganz persönlichen Vorlieben und Sehnsüchte sind. Es ist schließlich dein Leben! Du bist darin die Hauptakteurin und die Heldin – auch wenn du das vielleicht manchmal vergisst. Wenn das geschieht, passt du dich den Erwartungen anderer an, etwa um nicht anzuecken, jemanden zu enttäuschen oder gar »anstrengend« zu sein. Nimm dich und deine Sehnsüchte ab sofort ernst und erlaube dir, das Leben zu führen, das du dir für dich vorstellst. Ganz egal, was die anderen denken, meinen oder sagen.

Reflexion: Welche drei Herzenswünsche willst du dir im Laufe deines Lebens erfüllen? Befreie dich dabei komplett von Fragen wie »Geht das?« oder »Ist das überhaupt möglich?«. Lausche, was deine innere Stimme sagt. Schließe die Augen und beobachte, welche Bilder in dir auftauchen. Was hast du dir vielleicht schon in der Vergangenheit gewünscht und immer wieder aufgeschoben? Wo sagt dein Herz zaghaft oder sogar ganz laut und deutlich Ja?

Übung: Herzenswünsche im Blick behalten

Auch wenn es nicht gleich auf Anhieb klappt, deine Herzenswünsche umzusetzen, behalte sie im Blick. Such dir verschiedene Bilder, die für diese Vorstellungen stehen, und hänge sie gut sichtbar an einen Platz, wo du sie jeden Tag sehen kannst, um dich an ihnen zu erfreuen. Du wirst überrascht sein, was alles möglich ist, wenn du den Fokus beibehältst und dir erlaubst, deine Träume wahr werden zu lassen!

Klarheit schaffen

Wir gehen Schritt für Schritt gemeinsam den Weg in Richtung Klarheit und richten deinen Fokus auf das, was du wirklich willst und was du in deinem Job brauchst, um glücklich, entspannt und erfolgreich zu sein. Oft fällt es uns viel leichter zu benennen, was wir nicht mehr wollen. Damit fangen wir an.

Übung: Störfaktoren identifizieren

Unterteile ein DIN-A4-Blatt in drei Spalten. Schreib in die erste Spalte, was dich momentan an deiner Arbeit stört. Das können Aufgaben, Inhalte, Rahmenbedingungen wie Gehalt, Urlaub, Arbeitszeiten, Räumlichkeiten, aber auch das Miteinander oder die Unternehmenskultur sein. Notiere die Probleme dabei möglichst konkret, ohne sie zu bewerten. Sei wie eine Detektivin und beschreibe die Punkte, die dich stören. Zum Beispiel:

- »Ich bin jetzt schon zum dritten Mal bei der Beförderung übergangen worden.«
- »Das Projekt, das ich gerne haben wollte, ist wieder mal an Kollege Müller gegangen.«
- »Ich arbeite immer zuverlässig, bekomme aber nie ein wertschätzendes Wort zu hören. Stattdessen kriege ich nach Feierabend eine E-Mail mit noch mehr Projekten, die ASAP fertiggestellt werden sollen.«

Je konkreter du die Störfaktoren beschreibst, umso leichter kannst du Wege finden, um sie auszumerzen. Du musst diese Liste nicht an einem Stück schreiben, nimm dir immer mal wieder Zeit dafür und ergänze sie.

Übung: Wunschzustand skizzieren

Nun weißt du also, was dich im Job besonders stört. Als Nächstes geht es darum herauszufinden, was du stattdessen willst. Es hilft dir nicht, wenn du nur erkennst, dass du in deinem aktuellen Job nicht glücklich bist und einfach kündigst. Dabei besteht das Risiko, dass du vom Regen in die Traufe kommst, weil du nur weg willst, ohne dir bewusst zu machen, wohin du möchtest. Oder du kündigst vorschnell, ohne zu erkennen, dass es Möglichkeiten gäbe, in deinem aktuellen Job doch glücklich zu werden, weil es nur einiger Veränderungen bedarf, die du beeinflussen kannst.

Also, wie sieht für dich der Wunschzustand aus? Wie, wo, mit wem, wann möchtest du gerne arbeiten? Schreib deine Antworten in die zweite Spalte.

Um bei den obigen Beispielen zu bleiben:

- »Ich wünsche mir, dass ich im nächsten halben Jahr befördert werde.«
- »Ich wünsche mir, dass ich ein großes Projekt eigenverantwortlich übertragen bekomme.«

- »Ich wünsche mir, dass mein Chef meine Privatsphäre und meine Freizeit respektiert und mir mehr Wertschätzung im Arbeitsalltag entgegenbringt.«

Womöglich meldet sich irgendwann deine innere Kritikerin und unkt: »Das kannst du aber nicht«, »Das ist doch unmöglich«, »Das ist viel zu anstrengend« et cetera. Schieb solche Gedanken sanft, aber bestimmt beiseite. Das Wie ist zu diesem Zeitpunkt unwichtig, entscheidend ist nur das Was.

Federleicht-Tipp: Manchmal ist es gar nicht so leicht, diese Fragen im Alleingang zu beantworten. Wenn du das auch bemerkst, frag eine gute Freundin oder eine andere Vertrauensperson, die dich gut kennt, ob sie mit dir die einzelnen Punkte durchspricht. Schon allein das Aussprechen deiner Gedanken kann hilfreich sein, um dich zu sortieren und mehr Klarheit zu gewinnen. Solltest du diese Variante wählen, bitte die andere Person, für dich Notizen zu machen, dann kannst du einfach frei heraus reden. Oder du zeichnest das Gespräch auf.

Übung: Eigeninitiative ergreifen

Nun geht es vor allem um Eigeninitiative und Eigenverantwortung, um zu deinem Wunschergebnis zu gelangen. In die dritte Spalte trägst du daher ein, was du tun kannst, um deine Träume zu verwirklichen, was in deiner Hand liegt, um etwas zu verändern.
Bei den obigen Beispielen wäre das etwa:

- »Um die Beförderung zu bekommen, muss ich aktiv bekunden, dass ich an der Beförderung interessiert bin. Ich muss mein Netzwerk entsprechend aufstellen und mich mit meinen Erfolgen sichtbar machen.«
- »Um die Projektleitung zu erhalten, muss ich aufhören, die unwichtigen Fleißarbeiten zu übernehmen. Ich muss mir in

den Meetings mehr Sichtbarkeit und Gehör verschaffen und selbstsicherer auftreten.«
- »Um mehr Wertschätzung zu erfahren, muss ich klarer Grenzen setzen, aber auch deutlicher meine Erfolge kommunizieren.«

Überleg dir, welche Fähigkeiten du dir gegebenenfalls aneignen musst und wie das funktionieren kann, etwa über eine Fortbildung oder einen Onlinekurs. Welche Informationen musst du gegebenenfalls einholen? Was musst du recherchieren? Gibt es Personen, mit denen du über deine Veränderung sprechen kannst und die dir weiterhelfen könnten? Kannst du etwas an deinem Verhalten ändern – was genau und wie kannst du das sicherstellen? Welche Entscheidungen müssen als Nächstes getroffen werden?

Federleicht-Tipp: Es wird vermutlich einige Punkte geben, bei denen du dir zwar darüber im Klaren bist, was du brauchst, aber unschlüssig bist, wie du das realisieren sollst, etwa weil dir Informationen oder Skills fehlen. Schau dich in dem Fall mal genau um. Wissen ist inzwischen an so vielen Stellen zugänglich, sei es durch Bücher, Podcasts oder Youtube-Videos. Und du bist umgeben von Menschen, die verschiedene Talente haben. Es ist keine Schande, sich Unterstützung zu holen! Gerade wenn es um zwischenmenschliche Skills geht, ist es hilfreich, eine Person des Vertrauens aufzusuchen, die über die gewünschten Fähigkeiten verfügt. Befrage diese Person, wie sie das genau macht. Wie denkt sie? Wie geht sie die Dinge an? Nutze die Expertise deiner Freunde und Bekannten, um neue Strategien und Denkmuster zu erlernen.

Vielleicht gibt es in spezifischen Fällen keinen Experten in deinem Umkreis oder du möchtest nicht mit deinen Freunden über deine Herausforderungen sprechen. Das ist auch völlig in Ordnung. Und dennoch kommen wir an bestimmten Punkten alleine nicht weiter. Sollte das bei dir der Fall sein, empfehle ich (Laura) dir, dass du nach Expertinnen suchst, die dich bei deiner spezifischen Fragestellung begleiten können.

Jenseits von Entweder-oder

Bei meiner Weiterbildung zur systemischen Beraterin im PPSB Hamburg ist mir eine Übung begegnet, die ich sehr gerne mit dir teilen möchte. Sie eignet sich nämlich ausgezeichnet, um leichter eine Entscheidung zu treffen, vor allem wenn sie dir schwerfällt.

Übung: Die vier Stühle der Entscheidung

Stell vier Stühle so auf, dass sich immer zwei gegenüberstehen. Jeder Stuhl hat eine Bedeutung: »Entweder«, »Oder«, »Sowohl als auch« und »Weder noch«. Exerzieren wir das Ganze einmal an einem Beispiel durch: Sagen wir mal, du spielst mit dem Gedanken, deinen aktuellen Job zu kündigen. Bei deinen Überlegungen kannst du ja zu verschiedenen Ergebnissen kommen. Überlege dir für jeden Stuhl genau eine spezifische Aussage. Beispielsweise:

- Stuhl 1 (Entweder): »Ja, ich kündige.«
- Stuhl 2 (Oder): »Nein, ich bleibe.«
- Stuhl 3 (Sowohl als auch): »Ich bleibe, lasse mich aber intern versetzen.«
- Stuhl 4 (Weder noch): »Ich schiebe die Entscheidung auf und mache ein Sabbatical.«

Setz dich nacheinander auf die Stühle. Stell dir dabei vor, dass du dich endgültig für diese Lösung entschieden hast. Dabei gilt: Verstand ausschalten, Gefühle einschalten. Was geht in dir vor? Welche der Lösungen fühlt sich für dich richtig an? Folge deiner Intuition und deinem Herzen.

Epilog

Wir hoffen, dass wir dich ermutigen konnten, deinem Herzen zu folgen und dir selbst, also deiner Intuition und Wahrnehmung, wieder mehr zu vertrauen. Wir wünschen uns sehr für dich, dass du in Zukunft deine berufliche Karriere federleicht vorantreibst und viele positive Erfahrungen sammelst. Dass du an dich glaubst, mutig bist und dir zutraust, kleinere oder auch mal größere Risiken einzugehen, Neues auszuprobieren und Fehler zu machen, aus denen du lernst. Dass du Spaß hast und dich verwirklichst. Dass du dir stets verzeihen kannst und erkannt hast, welch wundervoller und kluger Mensch du bist und dass du alles mitbringst, was es braucht.

Vor allem wünschen wir uns für dich, dass du eines Tages auf dein Leben zurückschaust und mit einem Lächeln sagen kannst: »Ich habe es in vollen Zügen genossen. Ich war glücklich und federleicht erfolgreich!«

Wir glauben fest an dich – tu du es auch!

Alles Liebe,
Laura und Jens

Anmerkungen

1 Ijzermanns (2013), S. 10
2 Magnet (2019), S. 117
3 Magnet (2019), S. 129
4 Vgl. Thorsten Sellin: Culture Conflict and Crime. In: American Journal of Sociology. Bd. 44, Nr. 1, Juli 1938, S. 97–103
5 Rohrmann (2020)
6 Vgl. Lemper-Pychlau (2015), S. 5
7 Leon Festinger (2012): Theorie der Kognitiven Dissonanz. Huber Verlag
8 Rohrmann (2019), S. 32
9 https://www.n-tv.de/panorama/Wie-sich-ein-Postbote-zum-Arzt-schwindelte-article19927145.html
10 Clance, P. Rose (1988)
11 Rohrmann (2020)
12 Rohrmann (2019), S. 36
13 Rohrmann (2019), S. 39
14 Jerzy (2020)
15 Empson, https://www.lauraempson.com/insights/insecure-overachievers-on-the-record (Stand: 2021)
16 Lemper-Pychlau (2015), S. 2
17 Rohrmann (2019), S. 70 f.
18 Magnet (2019), S. 121
19 McDool u. a. (2019)
20 Rohrmann (2019), S. 54
21 Rohrmann (2019), S. 12
22 Ellen Sue Stern (1990): Der Superfrau-Komplex. ECON Verlag
23 Clance (1985)
24 Magnet (2019), S. 16 f.

25 Hurrelmann (2015), S. 144)
26 Vgl. Hurrelmann (2015)
27 Ellis (1975)
28 Einsle/Hummel (2015)
29 Einsle/Hummel (2015)
30 Lemper-Pychlau (2015), S. 30)
31 Magnet (2019), S. 102
32 Magnet (2019), S. 103
33 Fischedick (2018), S. 33
34 Pham/Taylor (2016)
35 Oettingen (2019)
36 Oettingen (2019)
37 Kreuz 2020
38 Hüther (2020)
39 Hüther (2020)
40 Fischedick (2018), S. 89)
41 Lemper-Pychlau (2015), S. 15
42 Niedermeier (2016), S. 21
43 Adlmaier-Herbst (2013)
44 Gardner (2019), S. 3
45 Magnet (2019), S. 72
46 Ridley (2019)
47 Lemper-Pychlau (2015), S. VII f.
48 Gardner/Bednar/Stewart (2019)
49 Capital-Redaktion (2017)
50 Capital-Redaktion (2017)
51 Capital-Redaktion (2017)
52 Capital-Redaktion (2017)
53 Magnet (2019), S. 190)
54 Lemper-Pychlau), S. 7)
55 Vgl. Rassek (2020)
56 Niedermeier (2016), S. 1
57 https://www.aerzteblatt.de/archiv/174949/Achtsames-Selbstmitgefuehl-Moege-ich-freundlich-zu-mir-sein
58 Gadenne (1982)
59 Cuddy (2012)

60 Fischedick (2018), S. 93
61 Seebauer/Jacob (2015), S. 56 f.
62 Clance (1988)
63 Hillert/Koch/Lehr (2015)
64 Hillert/Koch/Lehr (2015)
65 Schulz von Thun (1981)
66 https://www.spiegel.de/psychologie/mental-simulation-wann-positives-denken-hilft-und-wann-nicht-a-a778449d-03df-4c2c-99c1-250fd519ce87
67 Robert Merton (1995): Soziologische Theorie und soziale Struktur. De Gruyter

Literatur

Adlmaier-Herbst, D.G. (2013): Wir schauen lieber als wir lesen. https://dietergeorgherbst.de/blog/2013/02/07/bildeigenschaften-wir-schauen-lieber-als-wir-lesen/

Behrendt, Frank (2018): Liebe dein Leben und nicht deinen Job. Penguin Verlag

Bock, Petra (2011): Mindfuck. Knaur Verlag

Bode, Sabine (2007): Die deutsche Krankheit – German Angst. Klett-Cotta

Bronfenbrenner, U. (1993): Die Ökologie der menschlichen Entwicklung. Fischer

Capital-Redaktion (2017): 5 Vorbilder, die nie aufgegeben haben. https://www.capital.de/karriere/id-5-vorbilder-die-nie-aufgegeben-haben-4357

Clance, P. Rose (1985): The impostor phenomenon. Peachtree

Clance, P. Rose (1988): Erfolgreiche Versager. Das Hochstapler-Phänomen. Wilhelm Heyne Verlag

Cuddy, Amy (2012): Ihre Körpersprache beeinflusst, wer Sie sind. https://www.youtube.com/watch?v=Ks-_Mh1QhMc

Digital Recruiter (2020): Brauchen wir einen »Happiness Manager«? www.digital-recruiter.com/ueber-digital-recruitercom/news/hr-kolumne-brauchen-wir-einen-happiness-manager.html

Einsle, Franziska/Hummel, Katrin (2015): Kognitive Umstrukturierung. Techniken der Verhaltenstherapie. Beltz Verlag

Einsle, Franziska/Hummel, Katrin (2015): Kognitive Umstrukturierung: Techniken der Verhaltenstherapie. Kindle Ausgabe Psychologie Verlagsunion 2015

Ellis, A. (1975). Reason and Emotion in Psychotherapie (9. Aufl.). Lyle Stuart.

Empson, Laura: Personal Homepage, https://www.lauraempson.com/insights/insecure-overachievers-on-the-record (Stand: 2021)

Fischedick, Mathias (2018): Wer es leichtnimmt, hat es leichter. Piper Verlag

Gadenne, V. (1982): Der Bestätigungsfehler und die Rationalität kognitiver Prozesse. Psychologische Beiträge (24), S. 11–25.

Gardner, Richard/Bednar, Jeffrey/Stewart, Bryan (2019): »I must have slipped through the cracks somehow«: An examination of coping with perceived impostorism and the role of social support, Journal of Voca-

tional Behavior Volume 115, December, 103337, www.sciencedirect.com/science/article/abs/pii/S0001879119301095#
Goodgame Studios (2020): Über uns. www.goodgamestudios.com/de/unternehmen/ueber-uns/
Hewitt, P. L./Flett, G. L. (1991): Perfectionism in the self and social contexts. Journal of Personality and Social Psychology, 60(3), S. 456–470
Hiller, Andreas/Koch, Stefan/Lehr, Dirk (2018), Burnout und chronischer beruflicher Stress. Ein Ratgeber für Betroffene und Angehörige. Hogrefe Verlag
Hurrelmann, K. (1995): Einführung in die Sozialisationstheorie. Beltz Verlag
Hurrelmann, K./Bauer, U. u. a. (Hg). (2015): Handbuch Sozialisationsforschung. Beltz Verlag
Hüther, Gerald (2020): So entdecken Führungskräfte, was sie glücklich macht. www.xing.com/news/klartext/so-entdecken-fuhrungskrafte-was-sie-glucklich-macht-3632?te
Ijzermans, Theo/Bender, Roderik (2013): Wie mache ich aus einem Elefanten wieder eine Mücke? Hogrefe Verlag
Jacob, Gitta/Seebauer, Laura (2015): Schluss mit meiner Wenigkeit: Selbstvertrauen erlangen und selbstsicher handeln. Beltz Verlag
Jerzy, Nina (2020): Wie Sie mehr Selbstbewusstsein im Job entwickeln, Capital, 17.1.2020, https://www.capital.de/karriere/wie-sie-mehr-selbstbewusstsein-im-job-entwickeln
Klimm, Leo (2019): Viele machen ihr Glück vom Chef abhängig. www.sueddeutsche.de/karriere/job-glueck-buero-1.4248283, 4.1.2019
Koch, Stefan/Lehr, Dirk/Hillert, Andreas (2015): Burnout und chronischer beruflicher Stress. Hogrefe Verlag
Krappmann, L. (2016): Soziologische Dimensionen der Identität. Klett-Cotta
Kreuz, Peter (2020): Dream Big! Wirklich? XING Insider, Januar
Lemper-Pychlau, Marion (2015) Erfolgsfaktor gesunder Stolz. Springer Gabler
Magnet, Sabine (2019): Und was wenn alle merken, dass ich gar nichts kann? mvg Verlag
McDool, Emily/Powell, Philip/Roberts, Jennifer/Taylor, Karl (2019): Social Media Use and Children's Wellbeing. www.iza.org/publications/dp/10412/
Mount, P./Tardanico, S. (2014): Beating the Impostor Syndrome. CCL Press
Niedermeier, Katja (2016): Gelassenheit im Job. C.H.Beck
Oettingen, Gabriele (2019): Positive Fantasien sind ein Handicap. https://www.bento.de/future/mental-simulation-wann-positives-denken-hilft-und-wann-nicht-a-a778449d-03df-4c2c-99c1–250fd519ce87
Pham, Liem/Taylor, Shelley (1998): Harnessing the imagination: Mental simulation, self-regulation, and coping. American Psychologist, 53(4), S. 429–439
Rassek, Anja (2020): Chief Happiness Officer: Glück ist Chefsache. www.karrierebibel.de/chief-happiness-officer/

Rich kids of Germany (2020): www.instagram.com/richkids.of.germany/?hl=de
Ridley, Daisy (2019): Ich hatte die Kontrolle verloren. Welt am Sonntag Nr. 50, S. 30
Rohrmann, Sonja (2020): Impostor-Syndrome. https://www.hogrefe.com/de/themen?tx_news_pi1%5Baction%5D=detail&tx_news_pi1%5Bcontroller%5D=News&tx_news_pi1%5Bnews%5D=107&cHash=b523afc5fb9c53f894fb025fdabfdd15
Rohrmann, Sonja (2019): Wenn große Leistungen zu großen Selbstzweifeln führen. Hogrefe Verlag
Seligman, M. E. P. (1975): Helplessness. Freeman and Company
Sutherland, E. H. (1968): Die Theorie der differentiellen Kontakte. In: F. Sack und R. König (Hrsg.): Kriminalsoziologie. Akademische Verlagsgesellschaft, S. 395–399
Schulz von Thun, Friedmann (1981): Miteinander Reden: 1. Störungen und Klärungen. Allgemeine Psychologie der Kommunikation. Rowohlt Taschenbuch Verlag
Tolle, Eckhart (2018): Jetzt! Die Kraft der Gegenwart. Kamphausen Media GmbH
Watzke, Ed (2011): Der äquilibristische Tanz zwischen den Welten. Forum Verlag Godesberg
Weidner, Jens (2011): Die Peperoni-Strategie. Campus Verlag
Weidner, Jens (2017): Optimismus – warum manche weiterkommen als andere. Campus Verlag
Weidner, Jens (2018): Interview zur betrieblichen Selbsterneuerung: Durchsetzungskraft hat nichts mit einem Ego-Trip zu tun. Die Bank, Nr. 3, S. 75